喀斯特石漠化地区
提高水资源利用量研究

陈珂 著

STUDY ON IMPROV... ...OF
WATER RESO... ...CKY
... ...AS

U0250224

WUHAN UNIVERSITY PRESS
武汉大学出版社

图书在版编目(CIP)数据

喀斯特石漠化地区提高水资源利用量研究/陈珂著.—武汉:武汉大学
出版社,2019.7
ISBN 978-7-307-20849-0

Ⅰ.喀…　Ⅱ.陈…　Ⅲ.喀斯特地区—水资源利用—研究—贵阳
Ⅳ.TV213.9

中国版本图书馆 CIP 数据核字(2019)第 065836 号

责任编辑:胡　艳　　责任校对:汪欣怡　　整体设计:马　佳

出版发行:**武汉大学出版社**　(430072　武昌　珞珈山)
(电子邮箱:cbs22@whu.edu.cn 网址:www.wdp.com.cn)
印刷:北京虎彩文化传播有限公司
开本:787×1092　1/16　印张:8.25　　字数:208 千字　　插页:5
版次:2019 年 7 月第 1 版　　2019 年 7 月第 1 次印刷
ISBN 978-7-307-20849-0　　定价:33.00 元

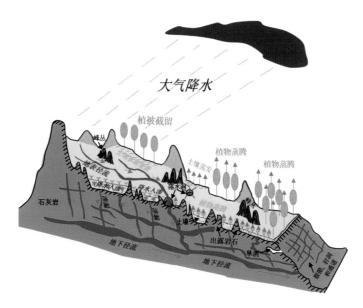

图 1-4　喀斯特石漠化地区蓝水与绿水循环过程

(图中以蓝色箭头表示水的运动方向，蓝色字体代表蓝水，绿色字体代表绿水)

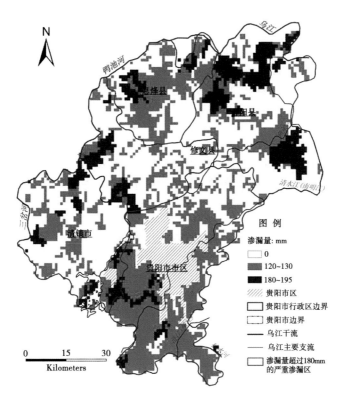

图例

渗漏量: mm

- ▢ 0
- ▨ 120~130
- ▮ 180~195
- ▨ 贵阳市区
- ▢ 贵阳市行政区边界
- 贵阳市边界
- —— 乌江干流
- — 乌江主要支流
- ▢ 渗漏量超过180mm 的严重渗漏区

图 4-11　各行政区渗漏量分布图

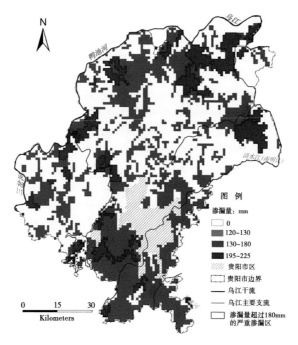

（a）渗漏量分布图（2003 年）

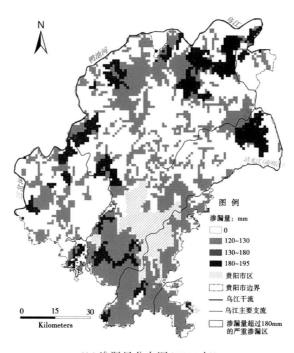

（b）渗漏量分布图（2013 年）

图中红框内的区域为严重渗漏区（渗漏量>180mm）

图 4-12　研究区渗漏量空间分布模拟

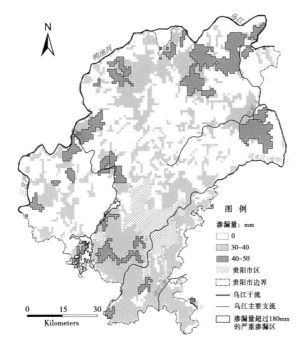

图 例

渗漏量：mm

☐ 0
▨ 30~40
▨ 40~50
▨ 贵阳市区
▨ 贵阳市边界
── 乌江干流
── 乌江主要支流
☐ 渗漏量超过180mm
　的严重渗漏区

0　15　30
Kilometers

（c）渗漏量分布图（2003 年基础上增厚土层 20cm）

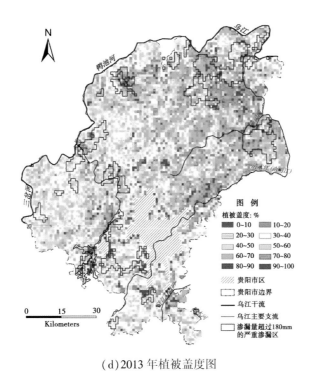

图 例

植被盖度：%

▨ 0~10　　▨ 10~20
▨ 20~30　　☐ 30~40
▨ 40~50　　☐ 50~60
▨ 60~70　　▨ 70~80
▨ 80~90　　▨ 90~100
▨ 贵阳市区
▨ 贵阳市边界
── 乌江干流
── 乌江主要支流
☐ 渗漏量超过180mm
　的严重渗漏区

0　15　30
Kilometers

（d）2013 年植被盖度图

图中红框内的区域为严重渗漏区（渗漏量>180mm）

图 4-12　研究区渗漏量空间分布模拟

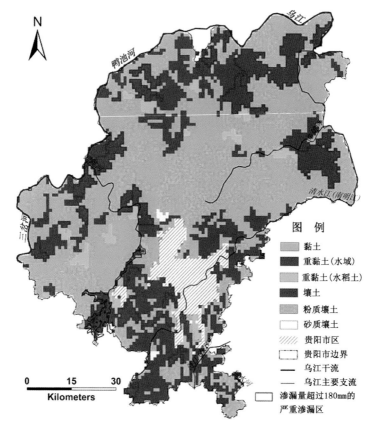

图 例

黏土
重黏土(水域)
重黏土(水稻土)
壤土
粉质壤土
砂质壤土
贵阳市区
贵阳市边界
乌江干流
乌江主要支流
渗漏量超过180mm的
严重渗漏区

图 4-13 土壤质地类型图

石漠化坡耕地

（a）   （b）

图 6-3 贵安新区建设过程产生的大量废弃渣土现场

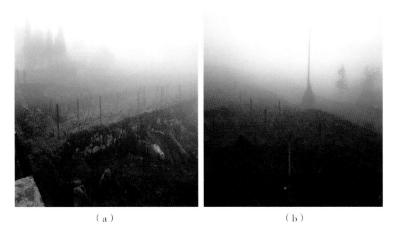

（ a ）　　　　　　　　　（ b ）

图 6-4　贵阳市开阳县联通村坡耕地改梯田工程实景

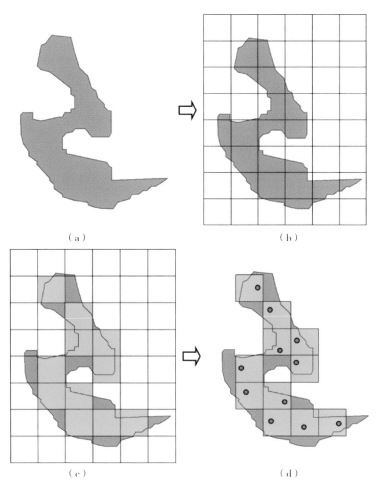

（ a ）　　　　　　　　　（ b ）

（ c ）　　　　　　　　　（ d ）

图 6-5　渗漏区旱地小水池控制单元及选址确定过程

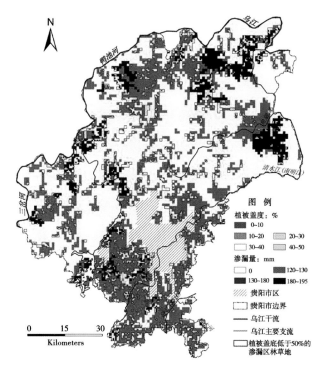

图 6-10　植被盖度低于 50% 的林草地渗漏区

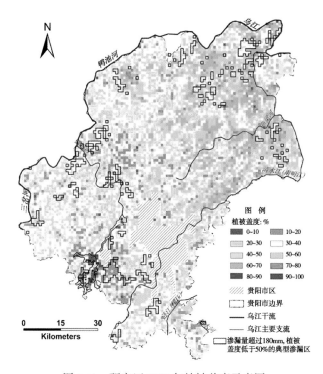

图 6-11　研究区 2003 年植被盖度示意图

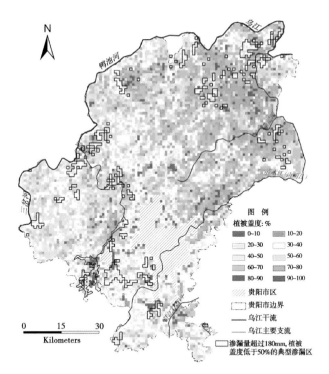

图 6-12 研究区 2013 年植被盖度示意图

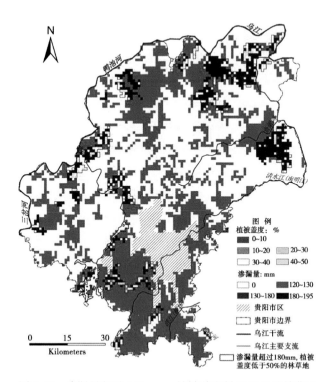

图 6-13 渗漏量超过 180 mm，植被盖度低于 50%的林草地

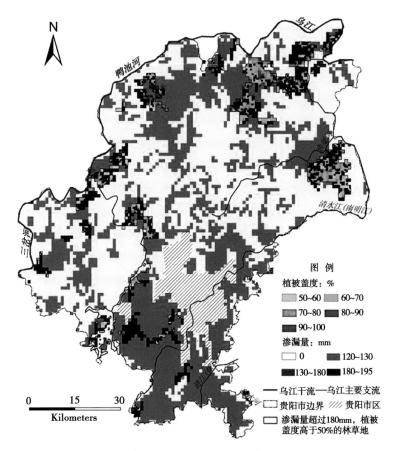

图例

植被盖度: %

50~60　60~70

70~80　80~90

90~100

渗漏量: mm

0　120~130

130~180　180~195

乌江干流——乌江主要支流

贵阳市边界　贵阳市区

渗漏量超过180mm, 植被
盖度高于50%的林草地

图 6-17　渗漏量高于 180 mm, 植被盖度高于 50% 的林草地

前　言

在喀斯特石漠化地区，由于植被破坏导致地表土壤流失严重、岩石裸露，加剧了降水的渗漏流失，致使当地可开发利用水资源量低于同等降水条件的非喀斯特地区，并引发生态环境退化，严重制约了区域可持续发展。为减少渗漏和提高水资源利用量，部分学者提出修建水库和引水、提水等水利工程；研究表明，由于喀斯特地质结构的易渗性，修建大中型蓄水工程不仅面临着选址和建造成本方面的挑战，建成后也存在一定的渗漏风险。为此，本书从有利于喀斯特石漠化地区生态恢复的角度，基于 SPAC 水分循环原理和蓝水、绿水理论，采用 EcoHAT 生态水文系统，对陆地表面水循环过程的关键影响因子展开模拟和分析；并结合野外调研，提出将当地渗漏的难利用蓝水转化为可供植被生长利用的生态绿水的综合调控措施。本书研究成果和结论如下：

（1）作为研究区的贵阳市非城镇地区，其现状年（2013 年）绿水占降水的比例不足50%，远低于世界平均水平的 65%；而渗漏量占降水的比例达 7.61%，因此具有将渗漏蓝水转化为生态绿水的巨大潜力。

贵阳市年均降水量为 1095.7mm，2013 年水资源利用量占常年水资源总量的比例仅为23.17%；远低于降水条件相似（991.8mm）的非喀斯特地区成都市的 62.76%。考虑到喀斯特地质结构对修建大中型蓄水工程的制约，在当前技术条件下，通过调控，将渗漏的难利用蓝水转化为可供陆生植物生长利用的生态绿水，对于提高喀斯特石漠化地区水资源利用量具有重要的参考价值。

（2）通过情景模拟和尺度效应分析发现，植被盖度和土壤厚度是蓝水、绿水转化的关键影响因子，并在蓝水、绿水转化中表现出各自特有的作用机制。

根据 SPAC 原理，降水、植被和土壤是影响陆面水循环过程的三大因子，由于目前技术难以改变大气降水过程，本书假定降水不变，分别模拟增加植被盖度和增厚土层对蓝水、绿水转化的作用，发现：①植被盖度与绿水量变化之间呈显著的线性正相关关系，并与径流量变化呈明显的线性负相关关系；②增加植被盖度能够减少喀斯特石漠化地区渗漏量，但当植被盖度达到一定比例后（在研究区，这一比例为 56%），增加植被盖度对减少渗漏量的作用急剧减弱；③相比于增加植被盖度，增厚土层对减少渗漏量则具有较为显著的效果；④在不同降水情景下，增厚土层 20cm 后所减少转化渗漏蓝水量的大小依次为：枯水年>平水年>丰水年，表明增加土壤厚度，对改善植被生态用水具有较好的效果。

（3）根据蓝水、绿水转化的数字实验结果，并结合野外调研，提出将喀斯特石漠化地区难利用的渗漏蓝水转化为可供陆生植物生长利用的生态绿水的三大调控措施：农村小型降水截蓄工程、封山育林、坡改梯；并基于研究区土地利用分类，提取出三大措施所对应的调控区域。

　　(4)根据研究区蓝水、绿水调控三大措施的空间布局,计算出各类措施减少并转化的渗漏量;按单位面积计算的三大措施对水资源利用量提高总体贡献幅度高达 36.21%,农村小型降水截蓄工程、封山育林和坡改梯三大措施对提高水资源利用量的贡献分别为0.054%、13.23%和22.92%。

　　三大调控措施转化渗漏蓝水量的计算结果表明,调控措施对提高喀斯特石漠化地区水资源利用量具有较好效果,尤以坡改梯措施的效果最为显著;加大植被盖度在 50%以下林草地的封山育林措施力度,对提高水资源利用量的作用效果也比较明显;修建农村旱地灌溉用小水池,是提高农作物生态用水量的有益补充。

目　　录

第1章 绪　　论

在喀斯特石漠化地区，由于植被破坏，导致岩石出露地表、土壤日益薄瘠，加剧了降水的渗漏流失，致使当地可开发利用的水资源量低于同等降水条件的非喀斯特地区，并引发生态环境退化，严重制约了区域可持续发展。喀斯特石漠化地区大多位于湿润半湿润气候带，降水丰沛却很快渗漏流失，汇入下游地区。如何减少渗漏损失、提高当地水资源利用量，一直是学术界和水行政主管部门面临的重要挑战。鉴于地表水资源的稀缺性，对喀斯特石漠化地区减少渗漏并提高水资源利用量的研究，不仅关系到与水紧密相关的陆地植被生态系统健康发展，而且也与当地经济民生息息相关。

本章首先阐述研究的背景与意义，然后回顾提高喀斯特石漠化地区水资源利用量的传统方法，通过对比分析，结合蓝水与绿水的相关理论和作用机理，提出研究的目标、内容与技术路线。

1.1　研究背景与意义

(1)喀斯特石漠化地区水资源利用是生态水文学研究的重要课题。

在喀斯特地区，岩溶地质结构的易渗性是导致降水大量渗漏和地表缺水的主要原因(Ballesteros，et al.，2015；Legrand，1973)。尤其在石漠化地区，由于植被退化、土壤日益薄瘠，致使大量石灰岩出露地表，加剧了降水渗漏流失(Guo，et al.，2013)，形成当地特有的岩溶性干旱现象(李阳兵等，2003)。据研究，我国西南喀斯特石漠化地区降水入渗系数一般达到0.4~0.8，比北方地区高出0.3~0.5(张军以等，2014)。因此，尽管喀斯特石漠化地区大多位于湿润半湿润气候带(Ford and Williams，1989；苏维词，2006；余娜和李姝，2014)，当地降水丰沛，但大部分未能有效利用，最终通过岩石裂隙和孔洞等渗漏汇入地下水系流走，成为难以被当地直接利用的岩溶地下水(Jourde，et al.，2014)，致使区域可开发利用水资源量偏低于同等降水条件的非喀斯特地区；并且，由于降水很快渗漏流失，不利于植物的吸收和循环，严重影响了陆生植物生态系统的健康发展(Qin，et al.，2015；Wan，et al.，2016)。例如，我国西南典型的喀斯特石漠化地区贵阳市，尽管多年平均降水量达1095.7 mm，境内10 km以上的河流多达98条，但由于土层薄、降水渗漏快、适宜于建水库的地方少等原因，导致全市水资源开发利用率仅有20%左右(蒙进，2013)。

鉴于喀斯特石漠化地区水土流失的严重性和当地植被生态系统所面临的脆弱环境，当前，对此类地区水资源利用的研究已经成为生态水文学领域的重要课题(Liu，et al.，2014；Tong，et al.，2017)。针对喀斯特石漠化地区地表水渗漏流失严重、可开发利用水资源量偏低的问题，国内外生态水文学界众多学者深入研究后认为，对生态环境的破坏性开发是加剧喀斯特地区石漠化并最终导致干旱缺水的直接原因。Gams I. 和 Gabrovec M. (1999)研究发现，从大约公元前的最后几个世纪开始，由于人类活动，欧洲巴尔干半岛 Kras Plateau 上的森林就遭到破坏，导致岩石逐渐裸露于地表，并于 18 世纪完全石漠化。而在地中海沿岸的法国、西班牙、意大利等地区，由于历史上的开荒种地、森林砍伐等，也加速了当地的石漠化(Yassoglou，2000)。在我国西南地区，1958—1961 年间大规模的毁林曾导致大面积石漠化发生(Yuan, et al.，2011)，据统计，仅在喀斯特分布较为普遍的贵州省，1970—2005 年间，由于森林退化导致石漠化面积增加就高达 3.76 倍(Jiang, et al.，2014)。Wang 等(2004)通过对贵州石漠化地区的研究发现，越来越稀疏的植被、愈发变薄的土壤层和不断出露地表的岩石，是造成当地地表水资源严重短缺的主要原因。覃小群和蒋忠诚(2005)在对我国西南地区表层土壤调蓄能力变化进行研究后认为，由于植被破坏和石漠化的加剧，使得喀斯特地区环境调蓄表层水的功能减弱，致使水土流失加快。王腊春和史运良(2006)通过对贵州及西南喀斯特山区的研究后认为，由于人类活动剧烈导致的土壤侵蚀、生态破坏和石漠化，加剧了喀斯特地区水土流失，形成湿热气候条件下特殊的"喀斯特干旱缺水"区。唐益群等(2010)通过对贵州省普定县陈旗小流域土壤随地下水漏失机理的研究后指出，由植被稀疏、生态脆弱等原因导致的石漠化，造成土层变薄、土壤最终随着地下水以漏失的方式流失。孙德亮等(2013)认为，森林植被生态系统是喀斯特地区防治石漠化、水土流失和涵养水源的最重要屏障，并建议及时对退化的植被生态系统进行人工修复。Jiang 等(2014)认为，石漠化使得地表原本可储存大量水分的植物大幅度减少，而出露地表的碳酸岩保水能力仅是苔藓和藻类的 1/3 到 1/15，因此，失去表土层和植被覆盖的石漠化地区更容易渗漏和干旱。正如 Huang 等(2008)指出的那样，石漠化地区降水的大量渗漏流失导致干旱频发，并严重影响了当地农作物和植被的正常生长。

可见，由植被退化和土壤变薄所导致的降水快速渗漏流失是加剧喀斯特石漠化地区地表水短缺的根本原因，造成了当地水资源的极大浪费；因此，如果能够针对植被和土壤变化采取适当措施，以减少降水渗漏并提高水资源利用量，将对石漠化地区的生态环境改善和经济发展产生积极的效果。

(2)提高喀斯特石漠化地区水资源利用量的研究有待进一步深入。

对于如何解决喀斯特石漠化地区地表水短缺、提高当地水资源利用量的问题，众多学者展开了深入的研究。相当一部分学者认为，喀斯特石漠化地区属于工程性缺水，可通过修建集雨、集流、地下河提水、地下水库等蓄水工程和节约用水等途径来缓解地表水短缺(Bertrand, et al.，2015；Parise, et al.，2015；Qin and Jiang，2011；史运良等，2005)。王腊春和史运良(2006)建议在地表水未渗漏之前采取工程措施加以利用，以缓解岩溶山区干旱缺水。潘世兵和路京选(2010)也认为我国西南岩溶山区湿热条件下的"岩溶性干旱缺水"属于工程性缺水，可以通过建造地下水库的方式加大对地下水的利用，并建议对开发地下水资源尽快展开调查和论证。近期朱生亮等(2013)研究后认为，西南岩溶地区存在严重的工程性缺水，而且水质亟待净化。

然而，实践表明，对于大面积的喀斯特石漠化地区而言，通过大规模修建蓄水工程提高水资源利用量，一方面需要花费巨额成本(Qin, et al.，2015；朱生亮等，2013)，典型的如贵州省贞丰县七星水库，其库容仅为 $1580×10^4$ m^3，计划建设耗时 38 个月，预期总投资 6.2 亿元，于 2012 年 12 月开工，目前尚处于追加投资的续建状态(图 1-1)；另一方面，喀斯特地区石灰岩的高渗透性对于水库等大型工程的选址也构成巨大挑战，稍有不慎，即会造成大量渗漏，甚至溃坝，而这也是导致喀斯特地区工程性缺水的主要原因(Lu，et al.，2013；Parise，et al.，2015；朱文孝等，2006)。Mohammadi Z. 等(2007)和 Guo 等 (2013)发现，喀斯特地区的建成坝通常承受着严重的渗漏问题，如湖南省东安县高岩水库，是一座 1996 年竣工的中型水库，库容 $4503×10^4$ m^3，由于受喀斯特地质结构影响，水库建成后不久即发现坝基严重渗漏，被列为病险水库(图 1-2)。此外，潘世兵和路京选 (2010)通过研究认为，岩溶塌陷和水质污染是地下水开采工程所面临的主要风险。

图 1-1　贵州省贞丰县七星水库建设现场

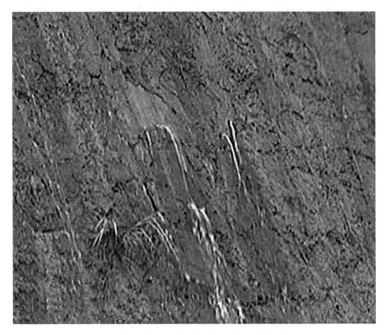

图 1-2　湖南省安东县高岩水库渗漏

可见，通过修建水库等对地质条件要求较高的大中型蓄水工程来提高水资源利用量，在喀斯特漠化地区尚面临着巨大的工程安全风险和投资成本压力，在目前技术条件下并不是理想的选择方案。

还有一部分学者从生态用水的角度对喀斯特石漠化地区水资源利用进行思考。例如，苏维词（2006）建议通过增加植物生态需水的供应量来确保植被生态系统的健康发展；李安定等（2008）通过结合蒸发、蒸腾量的计算，对喀斯特典型地区主要经济作物花椒的生态需水量和生态缺水量进行了计算分析；杨胜天等（2009）通过构建喀斯特地区植被生态需水定量模拟算法模型，对贵州中部贵阳一带的喀斯特地区进行模拟计算，提出了不同植物和农作物覆盖类型的生态需水量大小依次为：耕地>灌丛>林地。左太安等（2014）通过对贵州的研究，构建了适用于喀斯特石漠化地区水生态承载力评价的"表层岩溶带生态承载力指标体系"。

以上学者虽然从石漠化地区生态恢复的角度对水资源利用展开了分析，甚至通过模型计算对不同植物生态用水量进行计算与评价，但却未进一步阐明如何提高生态用水份额。因此，针对喀斯特石漠化地区提高水资源利用量的研究还有待进一步深入。

（3）蓝水、绿水理论为水资源利用研究提供了新视角。

"绿水"是生态水文学研究领域具有重要意义的概念，最早由瑞典斯德哥尔摩国际水资源研究所水文学家马林·福尔肯马克于 1995 年首次提出（Falkenmark，1995）。她把降落到地面的降水分为两大部分：绿水是指供给陆生植物生长代谢利用的气态水或饱和土壤水，蓝水指以液态形式供给水生生态系统或人类利用的另一部分降水。研究发现，全球总降水的 65% 通过森林、草地、湿地和雨养农业的蒸散作用，返回到大气中，成为绿水；仅有约 35% 的降水储存于河流、湖泊以及陆地含水层中，成为蓝水（Lathuilliere，et al.，2016；Ringersma，et al.，2003）。结合之前的研究成果，Malin Falkenmark 和 J. Rockstrom（2006）从植物生态用水循环的角度，进一步将绿水划分为绿水流和绿水储存两部分，他们认为，绿水是一个动态转化的过程，其中直接用于植物蒸散发的部分为绿水流，用于补充土壤水蓄变量的部分为绿水储存（图 1-3）。Stewart 等（2015）通过研究发现，越是在降水丰沛的湿润地区，绿水占降水的比例越高；干旱地区绿水占降水的比例通常不超过 30%；而在湿润地区，该比例一般都在 65% 以上。

在总结前人研究成果的基础上，Aldaya 等（2012）更为明晰地将蓝水定义为：以淡水形式存在的地表水和地下水，即存在于湖泊、河流以及含水层中的淡水；将绿水定义为：降落于地表，但未进入径流或补给地下水，并储存或暂时留存于土壤顶端或植物体内的降水部分。Launiainen 等（2014）和 Quinteiro 等（2015）在其最新的研究中也进一步明确了 Aldaya 等学者对蓝水和绿水具体范畴的界定。从对蓝水与绿水的概念描述来看，尽管 Aldaya 等学者更为明确，但实质上与马林·福尔肯马克的定义在内容上并无矛盾之处，是对后者定义的具体化，有利于帮助人们对蓝水和绿水所涵盖范围有更清晰的认识。

对"蓝水"和"绿水"的划分扩展了传统水资源的范畴，进一步深化了对水资源概念和水生态功能的研究（Zang，et al.，2012）。程国栋与赵文智（2006）认为，"绿水资源与雨养农业紧密相关"，应将其纳入水资源评价体系。刘昌明和李云成（2006）认为，绿水循环客观地体现了自然界"土壤—植被"生态体系的水消耗过程，因此，绿水具有极为重要的

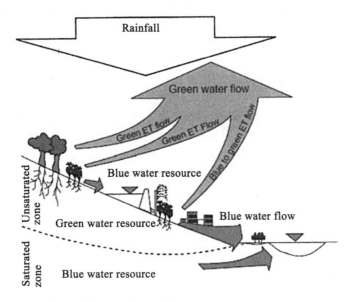

图 1-3　蓝水、绿水构成及循环示意图(Falkenmark and Rockstrom, 2006)

生态功能, 为所有陆地植物提供生长的必备条件。李素丽与乔光建 (2011) 认为, 绿水对维持陆地生态系统和支持雨养农业方面具有重要作用, 应将绿水"引入到水资源范畴"。在水资源越来越匮乏的严峻形势下, 从"绿水"概念出发, 能够更好地明确植被生态用水的功能和范围, 为提高水资源利用的相关研究提供了理论基础, 水土保持中"保水"的对象就是绿水(Liu, et al., 2009; 叶碎高等, 2008)。

　　"绿水"概念和相关理论的提出, 极大地丰富了水资源利用研究的理论基础。鉴于绿水循环与植被蒸腾和土壤蒸发过程紧密相关, 加剧喀斯特石漠化地区水土流失的主要原因也与植被和土壤有关, 这就为从蓝水、绿水相互转化循环的角度探索提高水资源利用途径提供了新的视角。而且, 当前针对喀斯特石漠化地区水资源利用的主要研究, 从不同角度对地表水短缺的现状、原因和解决办法进行了分析, 但却很少从蓝水与维持陆生植物生态系统的绿水相互转化的角度进行深入思考。考虑到喀斯特石漠化地区历史上植被破坏严重、土层薄, 且地质条件不利于进行水库等较大规模蓄水设施建设等普遍存在的现实, 如果能从绿水利用的角度展开分析, 采取措施通过调控, 将当地渗漏的难利用蓝水转化为可供陆生植物生长利用的生态绿水, 对于提高喀斯特石漠化地区水资源利用量、促进生态恢复和遏制石漠化、实现人地关系可持续发展, 将具有十分重要的意义。

1.2　国内外研究进展

　　生态水文学将陆面降水划分为蓝水和绿水, 为喀斯特石漠化地区水资源开发利用研究提供了有别于传统的新视角。为厘清问题的脉络, 首先需要从蓝水、绿水的机理, 喀斯特地区绿水应用, 模拟蓝水、绿水调控的生态水文模型等方面对国内外研究进展展开论述。从涉及文献资料来看, 目前国内外对于蓝水、绿水的研究主要着眼于机理及绿水利用方面, 此方面的研究重点主要围绕水循环原理及农作物生长耗水估算展开; 对于区域蓝水、绿水构成及转化方法的研究，则尚处于初始阶段。因此，针对喀斯特石漠化地区蓝水、绿水转化方法和具体调控措施的研究，对于相关地区提高水资源利用量进而改善生态和民生都将具有重要的参考意义。

1.2.1 蓝水、绿水机理研究进展

自从 1995 年"绿水"概念提出以来，中外学者对绿水与蓝水的作用及机理展开了大量研究。起初主要是针对蓝水的作用进行评估，例如 Raskin P. (1997)和 Seckler D. (1998)等人专门基于一国内不同地区之间的蓝水量进行估算；Shiklomanov I. A. (2000)等也以国家为单位，进行了蓝水消耗的估算；Gleick P. H. (2003)甚至将蓝水界定为流出源头后不能再被利用(循环)的水资源。而且，国际水管理协会 2000 年的统计报告还显示，全球农业用水的 70% 来自蓝水贡献(Seckler, et al., 2000)。

对于复杂的水文循环过程，尤其当涉及不易观测的地下水运动时，水文地质学研究学者提出，可以利用电子计算机进行模型调试，根据选用的数学模型进行模拟和预测，即采用数字模拟技术实现对复杂水文过程的演绎(肖长来等，2010)。针对蓝水和绿水循环，由于涉及相对复杂的土壤水运移和地下水过程，如果能够借助计算机技术实现对数学模型的大量数据运算和循环过程及空间分布的数字模拟，无疑将大大提高运算和分析的效率。

进入 21 世纪以后，遥感技术和计算机技术的不断进步，为水文循环的数字模拟提供了有力的技术支撑，通过利用遥感数据和基于计算机运算的数字模拟技术，对绿水的研究不断深入。潘占兵等(2004)通过对时域反射仪(time domain reflectometry, TDR)动态获取的数据分析后，指出植被状况与土壤水分之间存在着重要的正相关关系；Dieter Gerten 等(2005)利用 Lund-Potsdam-Jena 模型(LPJ)按 0.5 度空间分辨率模拟了全球绿水量变化，发现 1961—1990 年间，由于人类对土地利用类型的改变，导致绿水总量总共减少了约 7.4%；程国栋和赵文智(2006)认为，绿水对维持陆地植物生态系统的健康发展具有重要作用，对水资源评价的重要性日益受到重视；Jewitt 等(2006)基于遥感数据对非洲南部干旱半干旱地区的水汽蒸发、蒸腾量进行分析后认为，通过"绿水"理论来规划和管理水资源，在当地已经占有主导地位；刘昌明与李云成(2006)在综合分析绿水利用与生态系统供水及节水型农业的关系之后，指出绿水对雨养农业有重要贡献；王玉娟等(2008)在利用 EcoHAT 生态水文系统对贵州中部紧临贵阳市的龙里县绿水循环过程进行模拟后，指出"绿水"常以气态水或土壤水的形式存在，其循环供给陆生生态系统；Schuol Juergen (2008)基于遥感数据对非洲淡水供应分析过程中，将淡水划分为蓝水流量、绿水蓄量和绿水流量；Monireh Faramarzi 等(2009)借助 SWAT 模型(soil and water assessment tool)分析评估了伊朗的河流与土地利用情况，指出流域内绿水流量(实际和潜在蒸散量)和绿水蓄量(土壤湿度)对于当地主要作物小麦收获具有十分重要的影响；温志群等(2010)认为，绿水研究在国际上处于起步阶段，且正受到越来越多的关注，并采用 EcoHAT 系统对贵州中部地区的绿水量变化进行了模拟；Sieber 与 Doell(2010)通过全球作物耗水模型 GCWM，计算了全球 26 种主要农作物的蒸发量和潜在蒸发量，对蓝水与绿水在每种作物收成中的供水比例分别进行了模拟；Liu 等(2009)通过高分辨率遥感数据结合模型模拟分析，指出截至 2000 年，全球作物生长期耗水的 84% 以上来自于绿水的贡献；Hoff H. 等(2010)通

过采用 GCWM 和 LPJ 等多个水文模型对全球绿水分布进行数字模拟和数据集分析后确认，全球作物生产性消耗水中绿水的利用是蓝水的 4~5 倍；Bielsa 等（2011）通过构建水文-经济统计模型对西班牙的 Ebro 流域进行研究后认为，将供水分为蓝水和绿水，对于成功的水资源管理相当重要，指出蓝水与绿水的份额作为一个稳定常数，对于工农业和生活用水具有重要意义，且由于森林覆盖度增加可能带来的正面和负面影响，有必要研究和水文相关的经济与环境效益；Fader 等（2011）采用 LPJML 模型模拟 1998—2002 年全球农业用蓝水和绿水的购进和卖出足迹，发现在全球水交易中，绿水分别占了购入和卖出的 84% 和 94%，巴基斯坦和伊朗在总量和人均蓝水足迹最高，美国和印度亦有较高的蓝水和绿水足迹总量；Zang 等（2012）以黑河为例，通过结合中尺度遥感数据，基于 SWAT 模型进行模拟绿水变化，发现由于土地覆盖和气候原因导致黑河流域 2000 年以来绿水占比显著高于蓝水；Zang 与 Liu（2013）采用 SWAT 模型，通过对黑河流域过去 50 年数据进行模拟后，认为期间整个流域蓝水总流量的增加明显，而绿水的比例显著降低，主要与降水和温度有关；Zhang 等（2014）采用 SWAT 模型，基于遥感数据，对黄河源头区域研究后认为，由于降水减少和蒸发增加，导致过去 5 年总水资源减少了 10.8×10^8 m³，蓝水大量减少，而绿水则不断增加；此外，Chen 等（2015）通过 GCM 模型（general circulation model）耦合气象数据对我国 10 条主要江河的蓝水绿水资源安全性进行了研究，认为在气候变化的条件下，加强对绿水资源的管理对于粮食和生态安全至关重要。

以上研究从不同侧面对蓝水和绿水的机理及作用进行了探索，其中不乏对水循环原理的深入分析，尤其是后来的研究逐渐通过采用模型数字模拟方法并结合遥感信息展开分析，总结了绿水对植物和农作物生长的重要贡献，反映出以蓝水和绿水来划分降水对于水资源管理和利用的重大意义。然而，由于研究大多基于大空间尺度开展（大流域尺度、国家尺度、大陆尺度甚至全球尺度），很少针对区域或中小流域尺度问题进行研究，因此，难免存在一定局限，主要表现在以下方面：

（1）在全球尺度等大空间层面的研究比较适合于揭示较大范围的水循环机理，可是在生产及应用中往往也需要对区域尤其是中小流域内蓝水与绿水的作用规律进行探索；

（2）对于揭示不同土地利用类型对蓝水绿水变化的响应，在中小流域等小空间尺度上更具有观测的优势；

（3）对于植被生产性耗水（绿水）的研究，SWAT、EcoHAT 等水文模型已能实现基于中小流域尺度的模拟或验证，因此可有效支撑对蓝水绿水循环的应用研究；

（4）当涉及蓝水、绿水调控等具体应用时，更需要对中小流域尺度上的蓝水、绿水作用机制进行深入的研究，而且研究的结论也更易于在中小空间尺度上进行验证。

随着遥感技术的发展，当前遥感数据的空间分辨率早已实现亚米级应用，为蓝水、绿水作用机制在更精细的小空间尺度上的研究提供了可能。因此，结合生产需要，依托已有技术手段展开对区域和中小流域蓝水、绿水转化机理的深入研究，探索将现有蓝水、绿水比例调控到适宜份额，在技术上已经具备研究的可行条件。

1.2.2 喀斯特石漠化地区绿水利用研究进展

我国西南地区是世界上喀斯特地貌分布比较集中、石漠化危害较为严重的地区

（Huang, et al., 2008），针对喀斯特地区石漠化治理及生态恢复，众多学者展开了广泛而深入的研究，通过调节绿水分配份额，从生态恢复角度实现对石漠化的治理，正逐渐成为解决问题的新途径而被加以重视。

Yuan（2001）与万军等（2003）认为，喀斯特生态环境相对脆弱、土壤贫瘠，其植被生长过度依赖于生境条件，植物生长对绿水依赖程度较大；李阳兵（2003）等认为，尽管我国西南喀斯特地区气候湿润、降水充沛，但由于土层较为薄瘠、土壤容量小、降水下渗快等原因，造成即使在多雨季节，也常出现地表降水蓄积很快渗漏流失的现象，形成湿润气候环境下特殊的干旱现象——岩溶性干旱；杜睿等（2003）经过研究后指出，是土壤含水量的变化导致了植被类型的演替；王志强等（2005）研究认为，天然植被经过长期演替，具有自组织能力，能够适应一定的土壤水分状况，这为绿水变化与植被演替之间的相关关系研究提供了宝贵的线索；王玉娟等（2008）在对贵州喀斯特典型地貌区龙里实地实验后也认为，对于喀斯特地区的绿水资源利用，应当通过增加植被盖度和减少裸地面积，来加强对当地绿水资源消耗利用的调控，以减少对绿水资源的无效消耗量；还建议通过调整植被类型结构，来减少植被裸间土壤的水分消耗。温志群等（2010）采用 EcoHAT 系统对植被蒸散量进行估算后，认为通过把更多的降水转化为绿水，将更加有利于喀斯特石漠化地区的植被生态恢复。此外，杨胜天（2014）基于 EcoHAT 系统计算结果，结合在龙里喀斯特典型区所做的不同植被类型土壤水分变化实验指出，由于喀斯特地貌在贵州省具有相当广泛的分布，乱砍滥伐、陡坡垦殖等人类活动加剧了水土流失和石漠化，导致绿水存量逐渐减少，使得当地生态恢复备受关注，针对蓝水、绿水转化与管理的研究亟待开展。近期，Chen 等（2016）在分析之前学者研究成果基础上认为，喀斯特石漠化地区由于植被破坏，加剧了降水渗漏流失，使原本应参与植被生长过程的生态绿水大量减少（喀斯特石漠化地区蓝水、绿水循环参见本书插页图 1-4）。

可见，尽管目前对喀斯特地区绿水利用研究尚处于初期阶段，但对绿水与喀斯特地区植被生态系统相互作用的研究已经达到一定深度，学术界对喀斯特石漠化地区绿水减少的机理也已有统一认识，即由于土层薄、植被覆盖不足、岩溶易渗透性等原因，尽管我国西南喀斯特地区降水丰富，却大量渗漏流失。因此，当前面临的问题主要是如何将难利用的渗漏蓝水转化为可供植被生长代谢用的生态用绿水，以及转化多少。

1.2.3　喀斯特石漠化地区蓝水、绿水模拟模型应用研究进展

根据马林·福尔肯马克对绿水的定义，Savenije（2000）和 Ringersma 等（2003）认为，某一地区时段内绿水资源总量等于该时段内总的蒸散发量，为量化估算区域绿水资源提供了方法依据。在此基础上，针对区域和流域尺度的蓝水绿水研究，SWAT、EcoHAT、DTVGM（distributed time-variant gain model）等计算蒸散发的模型均已得到大量流域或更小地理尺度计算结果的验证（Dong, et al., 2016; Yin, et al., 2016），通过耦合遥感数据，能够较好地实现对区域和流域乃至更小尺度空间的蓝水、绿水循环计算和过程模拟。

同时，基于主要水文模型对喀斯特石漠化地区蓝水绿水过程的模拟研究也取得了一定进展。田雷等（2008）基于 MODIS 遥感影像数据，采用 Penman-Monteith 模型对贵州全境

2000年4—5月的蒸散发量变化进行了模拟，结果表明，贵州省平均每日蒸散发量为1.65 mm，并认为日照时数是影响贵州蒸散发量变化的最主要限制因子。张志才等(2009)通过对华盛顿大学开发的分布式水文土壤植被模型DHSVM进行改进，对贵州省贵阳市附近普定县的程旗小流域(约1.5 km²)土壤水含水率进行了计算，经与实测值对比，取得了较好的模型模拟效果。汤旻等(2012)采用MIKE SHE模型对贵州省南部的六硐河流域(1418 km²)的蒸散发量进行了情景模拟，通过设置高覆盖草地、灌木林、耕地、裸地等十种植被覆盖类型，模拟不同覆盖类型对降水产流的影响，指出草地和林地具有最好的保水效应。Wang等(2016)采用GEP(gene expression programming)模型和ANN(artificial neural network)模型对广西西北喀斯特石漠化地区蒸散发量进行了模拟，在对比Penman-Monteith模型模拟结果后，指出GEP和ANN的模拟值精度要高于Penman-Monteith模型，而ANN模型具有最好的模拟效果。Malago等(2016)采用集成喀斯特水流模型Karst-flow的SWAT模型(KSWAT)，对喀斯特地貌的希腊克里特岛(8265 km²)的蒸散发量进行了估算，计算发现当地约40%的降水通过蒸散发消耗，约9%的降水入渗成为浅层地下水，多达44%的降水渗漏成为深层地下水。

以上水文模型对不同空间尺度的喀斯特石漠化地区蒸散发量或土壤含水量进行了计算，取得了较好的研究成果，但也存在一定局限性，主要表现在，对蒸散发量的计算均是对总量而言，未具体到植被蒸腾量、截留量及土壤蒸发量等绿水分量数值。此外，田雷等(2008)的计算结果仅为初夏两个月数据，且为针对贵州省约17×10^4 km²的大空间尺度；张志才等(2009)的模拟则在较小范围内进行，模拟结果的代表性有待进一步探讨。另外，Malago等(2016)对蒸散发的估算，并未基于对植被耗水的模拟，而是根据Karst-flow模型所计算的地下水量，结合降水量推算而得。因此，对喀斯特石漠化地区蒸散发量计算模型的应用研究还有待进一步深入。

EcoHAT系统是近年来由我国学者自主开发的、紧密耦合遥感与地理信息技术、适用于区域和流域尺度的分布式水文循环计算和生态水文过程数字模拟的模型系统(刘昌明等，2009)。EcoHAT系统对陆面水循环过程的模拟以SPAC(soil-plant-atmosphere continuum)原理对水分和能量在土壤—植被—大气系统中传输的理论对为基础，根据水量平衡原理，构建用于刻画水分循环过程的分布式模型，可用于耦合多源多时相遥感数据对表土蒸发、植被截留、植物蒸腾和土壤水蓄变量等水循环主要环节进行数字模拟(Dong, et al.，2014；杨胜天，2012)。系统通过将蒸散发过程与一维垂向Richards方程相结合，实现对土壤水分运动的联动计算，且模型区域化参数设置灵活，适合于在不同气候和地质条件下应用。

根据"绿水"理论，以及对蓝水和绿水的定义，植被蒸散发过程和土壤水运动过程相结合能够实现对蓝水绿水循环全过程的模拟和计算。EcoHAT系统的水分和能量循环计算界面如图1-5所示。

王玉娟等(2008)基于气象土壤数据和TM影像数据，采用EcoHAT系统对贵州龙里喀斯特典型区(流域尺度)不同植被类型的绿水消耗进行了计算，计算结果显示，研究区内林地、草地、灌丛和农用地单位面积年度有效消耗绿水资源量分别为：423.0 mm、344.2 mm、386.7 mm、407.5 mm，经与观测值验证，取得了较好的模拟效果。温志群等(2010)以贵

图 1-5　EcoHAT 系统水分能量循环计算界面

州中部贵阳附近地区为研究区，在区域尺度上采用 EcoHAT 系统对绿水循环过程进行了模拟，认为"随着喀斯特石漠化地区生态恢复和植被的改善，生态系统将把更多的降水转化为绿水，增加生态用水比例"。杨胜天(2014)采用 EcoHAT 系统，结合 TM 影像数据，对贵州龙里野外长期观测数据进行分析后，认为当地"绿水资源占降水的份额具有较大的提升潜力，研究该地区绿水变化规律及蓝绿水转化关系……尤其是绿水资源，是当地生态恢复的一个重要制约因子"。通过在贵州喀斯特地区对植物及土壤蒸散发过程的模拟和研究表明，EcoHAT 系统模型适用于对喀斯特石漠化地区不同空间尺度的蓝水绿水循环过程模拟与分析。

EcoHAT 生态水文系统对水分在土壤—植被—大气传输过程的模拟，经过长时间野外实验检验，为喀斯特石漠化地区蓝水、绿水循环及转化过程研究积累了一定的应用研究成果，已经具备对喀斯特石漠化地区蓝水、绿水过程进行数字模拟与实验分析的模型基础。

1.3　研究目标与内容

1.3.1　研究目标

本研究立足于人水和谐可持续发展，为探索当前技术和经济条件下，提高喀斯特石漠化地区水资源利用量的可行途径，通过借助 EcoHAT 系统模拟代表性区域——贵阳市非城镇地区蓝水、绿水的构成及转化，提出实现将渗漏的难利用蓝水转化为可供当地陆生植物利用的生态绿水的调控措施。期望为提高类似地区水资源利用量提供可资参考的方法，具体研究目标如下：

(1)探索支撑喀斯特石漠化地区蓝水、绿水转化研究的理论依据和模型方法；

(2)通过模型模拟和计算，掌握研究区蓝水、绿水资源空间分布及其量值，以支持对蓝水、绿水占降水比例合理性及对提高水资源利用量的分析；

（3）探索影响喀斯特石漠化地区蓝水、绿水转化的关键因子；

（4）提出将渗漏的难利用蓝水转化为生态绿水的具体调控措施，为喀斯特石漠化地区减少渗漏损失和提高水资源利用量提供技术支撑。

1.3.2 研究内容

根据研究目标，本书拟开展以下研究内容：

1. SPAC 理论及 EcoHAT 系统适用性研究

通过对研究区蓝水、绿水转化的研究，结合相关文献资料，对 SPAC 理论及 EcoHAT 系统应用于喀斯特石漠化地区蓝水、绿水模拟的适用性进行论证。

2. 喀斯特石漠化典型区蓝水、绿水空间分布数字模拟

基于 EcoHAT 系统，通过对研究区初始年及现状年蓝水、绿水空间分布的数字模拟，分析其变化趋势，明确渗漏蓝水量及其对应的空间位置，进而分析研究区蓝水、绿水占比份额的合理性。

3. 蓝水、绿水转化方法研究

基于 SPAC 水分循环原理三大环节，分析并识别影响蓝水、绿水转化的关键因子，通过情景模拟，借助 EcoHAT 系统进行模型数字实验，探索实现将研究区渗漏的难利用蓝水转化为植被生态用绿水的可行途径。

4. 提出具体的调控措施

根据模型模拟结果，并结合野外调研和国家相关政策，提出蓝水、绿水调控的具体措施，包括措施所对应的范围、面积、空间分布等。

1.4 研究步骤和技术路线

除蓝水、绿水理论及其应用研究进展，以及 EcoHAT 系统对喀斯特石漠化地区蓝水、绿水模拟适宜性等原理性论述外，研究过程主要包括以下四个步骤：

第一步为喀斯特石漠化地区蓝水、绿水调控的现实需求分析，具体包括：

（1）基于研究区水资源利用现状和行业用水变化趋势，对研究区生态环境用水需求的增长前景进行分析；

（2）根据蓝水、绿水理论，结合研究区蓝水、绿水现状数据，分析生态绿水量增长的潜力。

第二步为蓝水、绿水空间分布模拟及蓝水、绿水转化方法的数字实验与分析，具体包括：

（1）通过 EcoHAT 系统进行数字模拟，确定研究区蓝水、绿水空间分布现状及其量值，重点计算渗漏蓝水量及其分布；

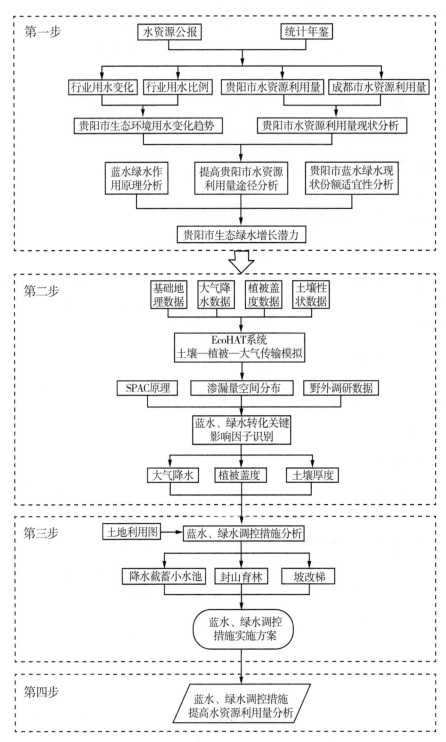

图 1-6 研究总体技术路线图

（2）根据 SPAC 原理，分析识别影响蓝水、绿水转化的关键影响因子；

（3）通过情景设置，针对蓝水、绿水转化和渗漏量变化的关键影响因子进行数字实验与分析，探索实现蓝水、绿水转化的适宜途径。

第三步为蓝水、绿水调控的具体措施分布分析及蓝水、绿水转化量计算，具体包括：

（1）基于对蓝水、绿水转化关键影响因子的分析，结合野外调研及国家对喀斯特石漠化地区的治理政策，提出将喀斯特石漠化地区难利用的渗漏蓝水转化为可供陆生植物利用的生态绿水的具体调控措施；

（2）对调控措施对应的调控范围和蓝水、绿水转化量进行模拟和计算。

第四步为蓝水、绿水调控效果分析，通过计算渗漏蓝水转化绿水量对喀斯特石漠化地区提高水资源利用量的贡献，进行调控效果分析评价。

根据研究的内容和研究步骤，制作技术路线图，如图 1-6 所示。

1.5 本章小结

"绿水"是生态水文学的重要概念，是陆面降水中参与植物生态过程的以气态和饱和态形式存在的水资源；"蓝水"是以液态形式供给水生生态系统或人类利用的另一部分降水。喀斯特石漠化地区由于降水大量渗漏流失，地表可开发利用水资源量偏低于同等降水条件的非喀斯特地区。

为探索提高喀斯特石漠化地区水资源利用量的有效方法，本章从石漠化加剧降水漏失机理、喀斯特地区提高水资源利用量传统方法、蓝水、绿水作用机理等方面展开论述，结合国内外的研究进展，提出本研究的目标、内容和技术路线。本章主要包括以下几方面的研究内容：

（1）论述了提高喀斯特石漠化地区水资源利用作为研究热点问题，在生态水文学领域的重要意义，并结合相关研究成果，阐述了石漠化加剧喀斯特地区降水渗漏流失的机理；

（2）论述了喀斯特石漠化地区提高水资源利用量的相关研究进展，并从地质选址和建设成本两方面分析了传统的工程法在提高水资源利用量方面所面临的困扰；

（3）从蓝水、绿水理论出发，分析了喀斯特石漠化地区将渗漏的难利用蓝水转化为参与陆生植物生长过程的生态绿水的理论基础；

（4）论述了蓝水、绿水机理和喀斯特地区绿水利用研究进展，并对喀斯特石漠化地区蓝水、绿水模拟的相关模型的应用情况进行了说明；

（5）提出本研究的目标、内容，以及相应的技术路线和研究步骤，为后续章节的展开搭建研究框架。

第 2 章　喀斯特石漠化地区蓝水、绿水数字模拟的适宜方法

将喀斯特石漠化地区渗漏的难利用蓝水转化为可供陆生植物生长利用的生态绿水，是提高水资源利用量的重要途径，而掌握蓝水、绿水的量值及其空间分布，是进行蓝水、绿水转化的前提。为此，需要探索适用于对喀斯特石漠化地区蓝水、绿水循环过程和转化数值进行模拟与计算的水文模型。本章延续前一章的分析，针对描述土壤—植被—大气水分运动和能量交换的 SPAC 原理，以及耦合遥感数据的 EcoHAT 系统的功能模块与应用情况进行说明。在分析 EcoHAT 系统对喀斯特石漠化地区蓝水、绿水模拟的适用性基础上，系统地介绍了参与蓝水、绿水运算的主要公式及相关参数，并结合模型计算环节，对初始输入数据及其获取情况进行了说明。

2.1　SPAC 原理及其应用

1966 年，澳大利亚水文与土壤物理学家菲利普（Philip）提出土壤—植物—大气连续体（soil-plant-atmosphere continuum，SPAC）的概念，在陆面水循环过程研究中，将土壤、植被、大气视为一个统一的连续体，采用连续、动态、系统的观点，定量地研究连续体中的水分运动和能量传输，把水循环及能量转化过程具体到土壤—植物—大气连续体的各个传输环节，并将植物蒸散发过程作为 SPAC 连续体的重要环节进行研究（Kang, et al., 2001；Konrad and Roth-Nebelsick, 2011；贡璐等，2002）。SPAC 理论的提出，为全球陆地水循环研究指明了具体的方向，实现了对水分循环、能量传输、大气运动之间复杂过程的整合，实现了跨学科研究的有机结合，为研究作物水分吸收和传输、土壤水分运移，以及大气水分的循环和转化奠定了系统坚实的理论基础（Amabile, et al., 2014；朱首军等，2000）。

SPAC 理论由于在统一能量关系的前提下，将过去分散研究的土壤水分运动、能量传输、作物水分运移以及各环节与大气过程的关系作为一个统一的连续体来研究，为模拟水分在土壤和植被的传输过程提供了理论依据（刘昌明和孙睿，1999）。由于 SPAC 水循环过程涵盖了蒸散发的全部环节，因此，基于 SPAC 理论所构建的水循环模型，适用于对蓝水、绿水的估算。SPAC 能量与水分计算主要涉及蒸散发、植被截留和土壤水分运移三大环节（Manzoni, et al., 2013；杨胜天，2015），计算流程参见图 2-1。

土壤—植被—大气系统水热传输理论（SPAC）刚开始时多用于农田、草原以及森林等较小尺度的研究，以探索小范围内土壤、植被和大气之间能量和水分的交换情况。自从 20 世纪 80 年代后期，随着国际生物圈计划（IGBP）、LUCC、全球能量和水循环试验（GEWEX）等项目的推动，一系列大型的针对陆面过程水热交换的实验得以开展，对大区

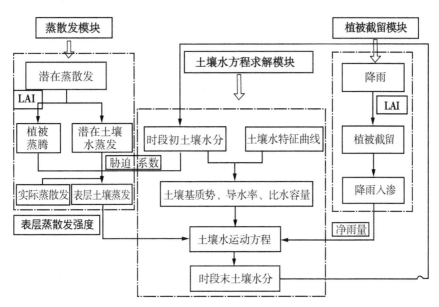

图 2-1　SPAC 能量与水分计算流程图(杨胜天，2015)

域尺度能量和蒸散发的模拟，对模型研究方法提出了更高的要求(吴姗等，2014)。同期，随着计算机技术和遥感技术的飞速发展，气象、水文、生态等领域的学者逐渐将 SPAC 理论引入到对大气水循环、土壤水运移和植被蒸散发等研究中，取得了较好的研究成果。在这一时期，在生态水文学领域，基于 SPAC 原理，从针对土壤斑块到流域、区域时空尺度的各种土壤—植被—大气模型得到蓬勃发展，如 WAVE 模型、SWAP 模型、HYDRUS 模型和 COUPMODEL 模型等，为研究水分、能量和物质在土壤、植被和大气界面的传输与转化积累了丰富的模拟方法和实验经验(谭丽慧等，2013)。

自从 SPAC 理论提出以来，国内外学者通过大量实验，在土壤水运动、植被蒸散等研究领域取得了长足的进展，研究成果也不断验证该理论的应用价值。刘昌明和陈建耀等(1999)基于 SPAC 理论，通过将大型蒸渗仪的实测值，与农田土壤—植物—大气连续体模型的模拟值进行验证，证实了 SPAC 理论的科学性。Coelho M. B. 等(2003)基于 SPAC 原理，采用 LWPM 模型模拟棉花生长过程中水分的传输情况，较好地还原了土壤水运动和根系对水的吸收过程。Feddes R. A. 等(2004)结合观测数据和全球数据集，基于 SPAC 原理，分别采用 SWAP、HYSWASOR，HYDRUS，ENVIRO-GRO、FUSSIM 和 GCMs 等模型从田间尺度到区域和全球尺度，对植物根系吸收水分的适用情况进行了模拟分析。杨胜天、王玉娟等(2009)采用基于 SPAC 原理构建的 EcoHAT 系统水循环模型，利用多源多时相遥感数据，对黄河三门峡地区表土蒸发、植被截留、植物蒸腾和土壤水蓄变等水循环过程进行了模拟，经验证取得了较好的模拟效果。Pei Wang 等(2015)通过构建基于混合土壤蒸发和植被蒸腾双重来源的 HDS-SPAC 模型计算了日本温带草原蒸散发量。高江波等人(2015)通过研究后认为，石漠化最明显的后果表现在植被与土壤形态和结构的退化，而 SPAC 原理正是基于植被和土壤变化对水分和能量循环过程作用的研究，因此，石漠化地区的生态恢复和重建急需基于 SPAC 理论，探寻最适宜的水热结构模式。Li 等(2014)和 Gao 等(2016)在将潜在蒸散发量作为水循环中的重要环节进行计算后，发现贵州省潜在蒸散发量在过去 50 年中总体呈现下降趋势。

以上研究表明，基于 SPAC 原理的水循环过程模型，已被广泛用于对植被、大气和土壤蒸散发过程的模拟，不仅适用于干旱半干旱地区，也适用于相对湿润的中国西南喀斯特石漠化地区。

2.2　EcoHAT 系统及其在喀斯特石漠化地区的适用性

EcoHAT 系统程序采用 IDL 语言编写，对水分和能量循环过程运算以 SPAC 原理为理论基础，以生态水文过程为该系统的运算模拟对象。系统主要包括水分能量循环、物质迁移转化和生态流域模拟等核心功能，共分为数据处理、参数计算、遥感反演、水分与能量计算、植物生长过程模拟、绿水资源评价、流域水文过程模拟、物质迁移模拟和空间数据分析共 9 个功能模块(刘昌明等，2009；杨胜天，2015)。EcoHAT 系统结构如图 2-2 所示，通过耦合遥感数据产品，并结合部分实验观测数据，实现对区域蒸散发等生态水文过程的模拟。

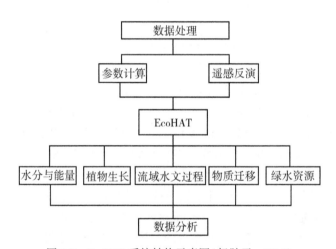

图 2-2　EcoHAT 系统结构示意图(杨胜天，2015)

EcoHAT 系统自 2008 年正式推出以来，已成功应用于贵州龙里喀斯特地区不同植被类型耗水过程研究(王玉娟等，2008)、黄河三门峡植被生态耗水估算(王玉娟等，2009)、贵州中部喀斯特石漠化地区绿水模拟(温志群等，2010)、新疆伊犁河流域生态耗水过程模拟(张宇，2011)、渭河流域土壤水过程模拟(Cai, et al., 2014；王鸣程，2012)、雅鲁藏布江缺资料地区水文过程研究(吕洋等，2013)、黄河中游中小流域植被耗水模拟(宋文龙等，2014)、东北三江流域氮磷迁移对中高纬度农作物长势影响研究 (Lou, et al., 2015)等，并取得了较好的模拟效果。通过在应用中不断完善，EcoHAT 系统对生态水文过程的模拟日益成熟。

EcoHAT 系统通过在贵州中部龙里等地区的应用，积累了一定的喀斯特石漠化地区蓝水、绿水实验成果，奠定了良好的研究基础。王玉娟等（2008）采用 EcoHAT 系统通过对龙里喀斯特典型区（贵州省石漠化治理示范区）次降雨条件下，灌丛草坡不同土层深度土壤水分含量的变化进行模拟计算和实测。经对比分析发现，在降水发生及随后的四天内，随着时间的推移，由于土壤蒸发和渗漏等原因，上层土壤（0~15 cm）水分含量经历了从明显减少到逐渐减少的过程；而下层土壤（15~40 cm）水分含量则由最初的缓慢增长转变为保持平稳，且到后期，下层土壤水含量超过上层土壤水含量，实验数值客观反映了土壤水含量变化的过程。实验的土壤水分变化曲线参见图 2-3。

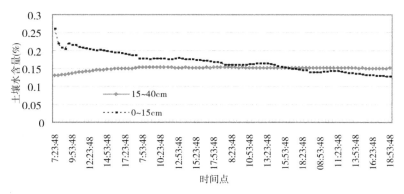

图 2-3　龙里灌丛草坡次降雨条件下不同深度土壤水含量变化曲线

在土壤水含量变化实验的基础上，采用 EcoHAT 系统分别模拟了喀斯特石漠化地区灌丛草坡的土壤水含量与相对湿度、气温、太阳辐射，以及地表温度之间的关系，参见图 2-4~图 2-7。

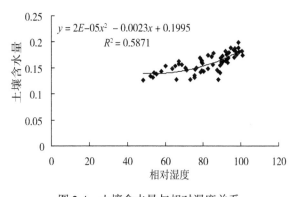

图 2-4　土壤含水量与相对湿度关系

由图 2-4~图 2-7 的模拟结果可见，土壤水含量与相对湿度变化呈明显的正相关关系，与气温、太阳辐射和地表温度均呈弱负相关关系，这与贵州喀斯特地区光照偏少、低温阴潮的环境作用基本相符。

杨胜天等（2009）以贵州中部为研究区，采用 EcoHAT 系统通过计算植被潜在蒸散量，

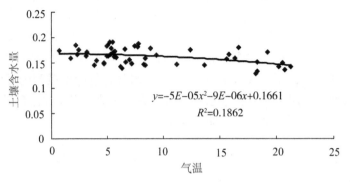

图 2-5　土壤含水量与气温关系

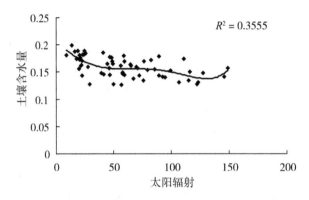

图 2-6　土壤含水量与太阳辐射关系

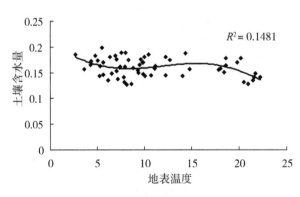

图 2-7　土壤含水量与地表温度关系

来求得植物生态需水量。采用如下公式：

$$E = K_c \times K_s \times \mathrm{ET}_o \tag{2-1}$$

式中，E 为生态需水量，ET_o 为植物潜在蒸散量，K_c 为植物系数，K_s 为土壤水分限制系数。模拟年份各月植物生态需水量如图 2-8 所示。

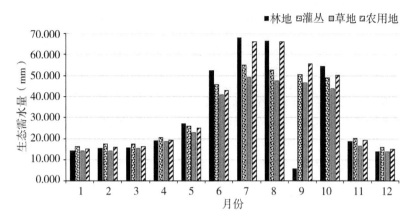

图 2-8 喀斯特石漠化地区不同植被月际生态需水量变化示意图

图 2-8 反映了不同植被类型各月生态需水的差异，总体而言，以林地和农用地生态用水需求量较大，其中以 5—10 月的生长季对生态用水需求较大，以 7—8 月为最大，非生长季需求较小。模型计算结果与当地植物生长用水情况基本相符。

温志群等（2010）采用 EcoHAT 系统对贵州中部喀斯特石漠化地区半年的蓝水、绿水量进行计算后，详细分析了导致蓝水、绿水量变化的原因，计算结果参见图 2-9。

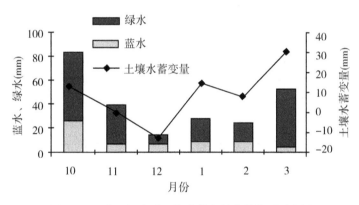

图 2-9 蓝水、绿水及土壤水蓄变量变化关系示意图

图 2-9 显示，12 月、1 月、2 月份蓝水量较小，是由于冬季为枯水季节；11 月、12 月、2 月的土壤水蓄变量（绿水储存量）减少，是由于降水减少，绿水转化为植物和地表蒸散发消耗；10 月、1 月、3 月的土壤水蓄变量（绿水储存量）较大，是由于降水的绿水转化量大于蒸散发消耗量。模型计算结果与当地冬季降水变化和植物耗水特点基本吻合。

以上模拟蓝水、绿水及其分量的实验结果表明，EcoHAT 系统适用于对贵州喀斯特石漠化地区蓝水、绿水的模拟计算。

根据 SPAC 原理，影响陆地表面水分循环三大主要因素为：土壤、植被和大气中的降水。因此，结合之前 EcoHAT 系统应用于喀斯特地区植被蒸散发过程的分析，本研究拟采用基于 SPAC 原理开发的 EcoHAT 生态水文系统，来实现对喀斯特石漠化典型区——贵阳市非城镇地区蓝水、绿水空间分布和转化过程的模拟与量值计算。

通过情景设定进行数字实验，采用 EcoHAT 系统模拟实现蓝水、绿水转化的不同方法的作用效果，并在此基础上分析和提出相应的调控措施，是本研究探索提高喀斯特石漠化地区水资源利用量方法的基本思路。在陆面水循环三大影响因子中，由于大气降水过程人为不可控，因此，将模型模拟的重点放在土壤和植被的变化方面，通过模拟增加土层厚度和植被盖度来分析对将渗漏蓝水转化为生态绿水的效果，探索适宜的蓝水、绿水转化方案，进而结合当地实际，提出相应的蓝水、绿水转化调控措施，为喀斯特石漠化地区提高绿水资源利用量提供技术支撑和参考。

2.3　EcoHAT 系统水循环模型主要运算公式

基于 SPAC 水分和能量的循环与传输理论，利用 EcoHAT 系统的水循环模型，对蓝水、绿水量进行模拟计算，所涉及的计算环节和主要公式，分别介绍如下：

2.3.1　蒸散发量计算

（1）对潜在蒸散发计算采用 Priestley-Taylor 公式：

$$\mathrm{ET}_p = \alpha \left(\frac{R_n - G}{\lambda} \right) \left(\frac{\Delta}{\Delta + \gamma} \right) \tag{2-2}$$

式中，ET_p 为潜在蒸散发量（单位：mm）；α 为 Priestley-Taylor 系数；R_n 为地表净辐射量（单位：W/m^2）；G 为土壤热通量（单位：W/m^2）；λ 为汽化潜热（单位：MJ/kg）；Δ 为饱和水气压-温度曲线斜率（单位：kPa/℃）；γ 为干湿表常数（单位：kPa/℃）。Priestley-Taylor 公式自提出以来，被广泛用于对蒸散发量的估算（Barella-Ortiz, et al., 2013；Clulow, et al., 2015；Ma, et al., 2015），关于参数 α 的取值，Priestley 和 Taylor 分析了海洋和大陆范围饱和陆面资料，认为其最佳取值应为 1.26（Priestley and Taylor, 1972）。各地区 α 的取值因受时空变异的影响而有所不同。赵玲玲等（2011）根据 1973—1983 年间逐月蒸散发量数据，对紧邻贵阳市的鸭池河流域进行研究后，建议当地的 α 取值为 1.16，本研究采用赵玲玲的已有研究成果。

饱和水汽压-温度曲线斜率 Δ 计算公式如下：

$$\Delta = \frac{4098 \times \left[0.6108 \exp \left(\frac{17.27 \times T_a}{T_a + 237.3} \right) \right]}{(T_a + 237.3)^2} \tag{2-3}$$

式中，T_a 为气温（单位：℃）。

对土壤热通量 G，采用 SEBS 模型中提出的方法（Su, 2002），基于净辐射和植被盖度来估算：

$$G = R_n [\Gamma_c + (1 - \mathrm{VF})(\Gamma_s - \Gamma_c)] \tag{2-4}$$

式中，G 为土壤热通量（单位：W/m^2）；R_n 为地表净辐射值（单位：W/m^2）；Γ_s 为裸地情况下土壤热通量与地表净辐射的比值，取值为 0.315；Γ_c 为全植被覆盖下土壤热通量与地表净辐射的比值，取值为 0.05；VF 为植被盖度。干湿表常数的计算采用下式：

$$\gamma = \frac{C_p P_r}{\varepsilon \lambda} = 0.665 \times 10^{-3} P_r \tag{2-5}$$

式中，C_p 为空气定压比热，取值 1.013×10^{-3} MJ/(kg·℃)，指在一定气压下，单位体积的空气温度每升高 1℃ 所需的能量为 1.013×10^{-3} MJ/(kg·℃)；P_r 为大气压强(单位：kPa)；ε 是水汽分子量与干空气分子量之比，取值 0.622；λ 是汽化潜热，通过下式计算：

$$\lambda = 2.50 - 0.0022 \times T_a \tag{2-6}$$

区域尺度上的大气压强基于海拔估算：

$$P_r = 101.3 \times \left(\frac{293 - 0.0065 \times H}{293} \right)^{5.26} \tag{2-7}$$

式中，H 为海拔高度(单位：m)，由 DEM 图获取。

地表净辐射 R_n 的计算采用以下公式：

$$R_n = R_s\downarrow - R_s\uparrow + R_L\downarrow - R_L\uparrow \tag{2-8}$$

$$R_s\downarrow - R_s\uparrow = (1 - \beta) R_s\downarrow \tag{2-9}$$

式中，R_s 和 R_L 为到达地表的太阳辐射和长波辐射；$\downarrow$ 与 $\uparrow$ 分别代表下行与上行；β 为地表短波反照率。

$R_s\downarrow$ 即太阳辐射，其计算公式为

$$R_s\downarrow = \frac{I_0 \tau \cos z}{R^2} \tag{2-10}$$

式中，I_0 为太阳常数，取值 1367W/m²；τ 为短波大气透过率；z 为太阳天顶角(单位：rad)；$\frac{1}{R^2}$ 为日地距离订正因子，无量纲。

长波辐射计算公式为

$$R_L\downarrow - R_L\uparrow = \sigma \varepsilon_a \varepsilon_s T_a^4 - \sigma \varepsilon_s T_s^4 \tag{2-11}$$

式中，σ 为 Steffan-Boltzmann 常数，取值为取值 5.67×10^{-8} W/(m² K⁴)；ε_a 为空气比辐射率，ε_s 为地表发射率；T_a 为空气温度(单位：K)；T_s 为地表温度(单位：K)。

ε_a 的计算见公式：

$$\varepsilon_a = 9.2 \times 10^{-6} \times T_a^4 \tag{2-12}$$

对于地表发射率 ε_s，参考梁顺林等的研究成果(Liang, et al., 2009)，由 MODIS 第 31 和 32 波段的发射率计算而得：

$$\varepsilon_s = 0.273 + 1.778\varepsilon_{31} - 1.807\varepsilon_{31}\varepsilon_{32} - 1.037\varepsilon_{32} + 1.774\varepsilon_{32}^2 \tag{2-13}$$

式中，ε_s 为地表发射率；ε_{31} 和 ε_{32} 为 MODIS 第 31 和 32 波段的发射率。

(2)实际蒸散发计算。首先通过潜在蒸散发量，结合 Ritchie 公式计算出实际土壤蒸发量(Ritchie and Hanks，1991)，公式如下：

$$EP_s = \begin{cases} ET_p \times (1 - 0.43 \times LAI), & LAI \leq 1 \\ ET_p \times \exp(-0.4 \times LAI), & 1 < LAI < 3 \\ 0, & LAI > 3 \end{cases} \tag{2-14}$$

式中，EP_s 为潜在土壤蒸发量(单位：mm)，ET_p 为潜在蒸散发量(单位：mm)，LAI

为叶面积指数。实际土壤蒸发量可由下式得出：

$$E_{ps} = \mathrm{EP}_s \times K_{ss} \qquad (2\text{-}15)$$

其中，

$$K_{ss} = \begin{cases} 0, & \theta < \theta_w \\ \dfrac{\theta - \theta_w}{\theta_j - \theta_w}, & \theta_w < \theta \leqslant \theta_j \\ 1, & \theta \geqslant \theta_j \end{cases} \qquad (2\text{-}16)$$

$$\theta_j = \theta_f \times 0.75 \qquad (2\text{-}17)$$

设 E_{ps} 为实际土壤蒸发量（单位：mm）；ET_p 为潜在蒸散发量（单位：mm）；K_{ss} 为水压力指数；θ 为土壤含水量（%）；θ_w 为萎蔫含水量（%）；θ_j 为毛管断裂含水量（%），θ_f 为田间持水量（%）。实际蒸腾量可由以下各式推导得出：

$$\mathrm{EP}_v = \begin{cases} \dfrac{(\mathrm{ET}_p - \mathrm{EP}_s) \times \mathrm{LAI}}{3}, & 0 \leqslant \mathrm{LAI} \leqslant 3 \\ \mathrm{ET}_p, & \mathrm{LAI} > 3 \end{cases} \qquad (2\text{-}18)$$

假定各层土壤的蒸腾量与根系密度成线性正比例关系，则各层蒸腾量表示为

$$\mathrm{RDF} = \frac{e^{\mathrm{AROOT} \times z_2} - e^{\mathrm{AROOT} \times z_1}}{e^{\mathrm{AROOT} \times \mathrm{LR}}} \qquad (2\text{-}19)$$

$$\mathrm{EP}_n = \mathrm{EP}_v \times \mathrm{RDF} \qquad (2\text{-}20)$$

$$E\text{-plant} = \sum_{i=1}^{n} \mathrm{EP}_n \qquad (2\text{-}21)$$

根系深度是估算蒸腾量的重要参数，针对不同的植被覆盖类型，可根据 LAI 的变化模拟其根系深度（Andersen, et al., 2002），采用公式：

$$\mathrm{Rd}_i = \mathrm{Rd}_{max} \frac{\mathrm{LAI}_i}{\mathrm{LAI}_{max}} \qquad (2\text{-}22)$$

式中，EP_v 为总的潜在蒸腾量（单位：mm）；EP_n 为第 n 层土壤的实际蒸腾量（单位：mm）；$E\text{-plant}$ 为总的实际蒸腾量（单位：mm）；RDF 为根系分布函数；AROOT 为根系分布参数，取值为 0.1；z_1、z_2 为拟计算各层土壤垂直方向上的两端坐标（单位：m）；LR 为根系深度（单位：m），Rd_i 为第 i 时段的根系深度（单位：m），Rd_{max} 为最大的根系深度（单位：m），LAI_i 为第 i 时段的叶面积指数，LAI_{max} 为最大的叶面积指数。根据对遥感产品叶面积指数统计分析，林地、草地、农田、稀疏植被 LAI_{max} 依次为 3、2.6、1.3 和 1（周旭，2015）。

2.3.2 植被截留量计算

采用（Aston, 1979）构建的植被截留计算公式：

$$S_v = C_v \times S_{max} \times (1 - e^{-\eta \frac{P_{sum}}{S_{max}}}) \qquad (2\text{-}23)$$

式中，S_v 为累计降水截留量（单位：mm）；C_v 为植被盖度（单位：%），表征植被的茂密程度；P_{sum} 为累计降水量（单位：mm）；S_{max} 为最大冠层截留量（单位：mm）；η 为校正系数。

$$C_v = 1 - e^{-k \times \text{LAI}} \qquad (2\text{-}24)$$

$$k = \Omega \times R \qquad (2\text{-}25)$$

$$R = \frac{0.5}{\cos \theta_z} \qquad (2\text{-}26)$$

式中，K 为消光系数，与太阳光照条件相关；θ_z 为太阳天顶角（单位：rad），基于位置计算；Ω 为土地覆盖类型聚集度指数，无量纲，通过表 2-1 获得（唐世浩等，2006）。

表 2-1 不同土地覆盖类型聚集度指数值

序号	土地覆盖类型	Ω	序号	土地覆盖类型	Ω
1	常绿针叶林	0.6	10	草地	0.9
2	落叶针叶林	0.6	11	永久湿地	0.9
3	混合林	0.7	12	农作物和自然植被交错区	0.9
4	常绿阔叶林	0.8	13	农田	0.9
5	落叶阔叶林	0.8	14	城市和建设用地	0.9
6	开放灌丛	0.8	15	冰/雪	——
7	郁闭灌丛	0.8	16	稀疏植被或裸地	——
8	有林草原	0.8	17	水域	——
9	稀树草原	0.8			

最大冠层截留量 $S_{\max}$ 和校正系数 η 基于叶面积指数估算，公式如下：

$$S_{\max} = 0.935 + 0.498 \times \text{LAI} - 0.00575 \times \text{LAI}^2 \qquad (2\text{-}27)$$

$$\eta = 0.046 \times \text{LAI} \qquad (2\text{-}28)$$

降水在经过植被截留环节后，一部分进入到土壤中，导致土壤水含量发生变化。假定降水集中在某固定时段内，取单位时间内净降水量与饱和导水率之间的最小值，得到降水入渗强度，作为土壤水运动方程的上边界条件，渗漏穿过土壤下边界的地下水量即为渗漏蓝水。

2.3.3 土壤水运移计算

根据能态学的观点，水分在土壤、植被和大气中的运移过程是一个统一的连续体，都是在水势梯度力的作用下进行的，因此，可以用统一的能量指标，即"水势"，来定量地研究 SPAC 各个环节的能量变化，并计算出各环节的水分通量值（雷志栋和杨诗秀，1987）。Richards 认为，土壤水分运动通常都满足达西定律和质量守恒定律，基于两定律，推导出适用于对非饱和流进行计算的 Richards 土壤水运移方程。当侧向径流忽略不计时，可用一维垂向的土壤水分运动数学模型来模拟实际土壤水运动，渗漏量亦可由土壤水运移分量获得。描述一维垂向土壤水运动的 Richard's 方程及其数学模型定解可由式(2-29)、式(2-30)求得（Kerkides, et al., 2006；李保国，2000）：

$$C(h) \frac{\partial h}{\partial t} = \frac{\partial}{\partial z} \left[K(h) \left(\frac{\partial h}{\partial z} + 1 \right) - S(h) \right] \tag{2-29}$$

$$\begin{cases} C(h) \dfrac{\partial h}{\partial t} = \dfrac{\partial}{\partial z} \left[K(h) \dfrac{\partial h}{\partial t} \right] - \dfrac{\partial K(h)}{\partial z} \\[2mm] h(z,0) = h_0(z), \quad 0 \leqslant z \leqslant L_z \\[2mm] \left[- K(h) \dfrac{\partial h}{\partial z} + K(h) \right]_{z=0} = \begin{cases} - E(t), \ t > 0 \\ Q(t), t > 0 \end{cases} \\[2mm] h(L_z,t) = h_1(t), \quad t > 0 \end{cases} \tag{2-30}$$

式中，h 为土壤水基质势（即土壤水负压水头，单位：cm）；$C(h)$ 为土壤容水度（单位：cm^{-1}），$C(h) = - \mathrm{d}\theta/\mathrm{d}h$；$K(h)$ 为非饱和水力传导率（单位：cm/min）；$E(t)$ 为表土水分蒸发强度（单位：cm/min）；$Q(t)$ 为降水入渗强度；Z 为空间坐标；t 为时间坐标；L_z 为模拟区域垂向总深度。

土壤水力传导率 $K(h)$ 采用 Gardner W. R. 等（1970）推荐的指数函数公式进行计算：

$$K(h) = \begin{cases} K_s \times \exp(\varphi \times h), \ h < 0 \\ K_s, \ h \geqslant 0 \end{cases} \tag{2-31}$$

式中，$K(h)$ 为土壤水水力传导度，K_s 为饱和导水率，φ 为拟合参数，取值 0.07。不同质地的土壤有不同的 K_s 值，可根据研究区域的土壤质地类型，通过土壤水分运移参数概化表获取，参见表 2-2。

表 2-2　　　　　　　　　　　　　土壤水分运移计算参数表

土壤类型	P_1	P_2(cm)	P_3	P_4	K_s(cm/min)
重黏土	0.28	70.030	0.66	0.27	0.000006
轻黏土	0.28	50.159	0.63	0.16	0.00006
粉质黏土	0.31	175.995	0.80	0.11	0.0006
壤土	0.32	186.441	0.86	0.09	0.006
砂质壤土	0.28	247.682	0.92	0.09	0.06

土壤水基质势与土壤饱和含水量之间的关系可采用下式所刻画的土壤水特征曲线来进行描述（Van Genuchten，1980；吴擎龙等，1996）：

$$W = \begin{cases} \dfrac{P_1 P_2}{P_2 + |h|P_3} + P_4, \ h < 0 \\[2mm] W_s, \ h \geqslant 0 \end{cases} \tag{2-32}$$

式中，W 为土壤含量水；W_s 为饱和土壤含水量；h 为土壤水基质势；P_1、P_2、P_3、P_4 为拟合参数，其中 P_4 为残留含水量，$P_1 + P_4 = W_s$。

根据研究区不同的土壤质地，P_1、P_2、P_3、P_4 取值参见表 2-2（Vereecken, et al.,

1989；吴擎龙，1993）。

已知初始时段的土壤水含量，可根据不同的土壤质地类型，对应表2-2的土壤水分运移参数，基于公式(2-32)计算出非饱和导水率。

通过以上步骤计算得到土壤基质势、土壤含水量、非饱和导水率后，即可结合方程组(2-30)进行土壤水分运动方程的迭代运算，逐时段地模拟计算土壤水分变化。

土壤水蓄变量可采用下式计算：

$$\Delta W = \sum_{i=1}^{n} (W_{i+1} - W_i)$$ (2-33)

式中，ΔW 为土壤水蓄变量，W_i 为第 i 时段的土壤含水量。

此外，利用水量平衡方程式可以确定区域降水、蒸发、径流等水文要素间的数量关系，进而计算出研究区总的径流量。采用公式：

$$R_{off} = P_{sum} - S_v - E\text{-plant} - E_{ps} - \Delta W_s$$ (2-34)

式中，R_{off} 为区域径流量；P_{sum} 为累计降雨量；S_v 为总的植被截留量；$E\text{-plant}$ 为总的植被蒸腾量；E_{ps} 为总的土壤蒸发量；ΔW_s 为总的土壤水蓄变量。

2.4 数据获取

EcoHAT系统对土壤—植被—大气传输过程进行模拟的输入数据按属性分为基础地理空间数据和气象水文数据（Bormann，2008；杨胜天，2015），基础地理空间数据主要通过MODIS遥感产品获取，包括每日反照率、每日地表温度、植被盖度数据、土地利用数据、地表辐射、土壤质地数据等。根据计算需要和遥感数据获取情况，空间分辨率采用1km精度；由于2003年之前研究区的部分MODIS产品数据缺失，而本研究启动时，2013年之后的部分遥感数据尚不能下载，并且一部分作为验证用的2013年之后的水文观测数据，官方网站也尚未发布，因此选取2003年作为研究的初始年，2013年作为现状年。以上数据在计算前需经过MODIS数据处理软件转换成系统能够识别和计算的数据格式。

气象水文数据主要通过中国气象科学数据共享服务网网站下载，包括瞬时气温(将每日平均气温近似地当作卫星传感器过境时的瞬时气温)、每日降雨数据、太阳时等，经转换处理成为EcoHAT系统能够识别计算的数据格式。模拟和运算前，需对模型输入数据以不同模块为单位存入相应文件夹，将处理好的计算数据按EcoHAT系统里的各级菜单功能导入后，依次执行运算命令即可启动计算。参与计算的初始输入数据及数据来源参见表2-3。

在EcoHAT系统对水分在土壤—植被—大气传输过程的模型运算中，气象水文数据与LAI、植被盖度、土地利用等基础地理数据结合，用于计算植被蒸腾和降水截留量；气象水文数据与土壤质地、土地利用以及土壤厚度等基础地理数据结合，用于计算土壤蒸发量、土壤水蓄变量和渗漏量。

表 2-3　　　　　　　　　　　　**EcoHAT 系统初始输入数据及数据来源**

数据类型	数据名称	数据内容	单位	获取方法
气象水文数据	Precipitation_date	降水量	mm	中国科学气象网
	Tair_instant_ date	瞬时气温	K	中国科学气象网
	LST_date	地表温度	K	MODIS
	Daily_h_ date	日照时数	h	气象插值
	Albedo_ date	地表反照率	无量纲	MODIS
	Emis31_ date	第 31 波段比辐射率	无量纲	MODIS
	Emis32_ date	第 32 波段比辐射率	无量纲	MODIS
	Trise_ date	日出时间	h	根据位置和日期计算
	Tset_ date	日落时间	h	根据位置和日期计算
基础地理信息数据	Rs_para_txt_0	所在时区中心经度	—	根据研究区位置制作
	Longitude_0	经度图	°	空间插值
	Latitude_ 0	纬度图	°	空间插值
	DEM_0	数字高程模型	m	ASTER
	LAI_ date	叶面积指数	无量纲	MODIS
	Vegecover_ date	植被盖度	%	公式(2-24)
	Landuse_0	土地利用类型	无量纲	专题数据
	Landcover_0	土地覆盖类型	无量纲	MODIS\归并
	Soil_Type_0	土壤类型分布	无量纲	专题数据
	Model_init_txt_0	土壤厚度	—	野外调研
	Boundary_0	研究区范围	无量纲	专题图

　　注：文件后缀名带"date"的数据为每日尺度数据，在导入 EcoHAT 系统水循环模型计算的过程中，需要按天输入，例如 Precipitation_001 表示计算年度第一天的降水量，LAI_365 表示计算年度第 365 天的叶面积指数。而文件后缀名带"0"的数据为年尺度数据，每一年的计算中只需输入一次即可，例如 DEM_0、Landuse_0 等，文件名中带有"txt"的为文本文件。

2.5　本章小结

　　"绿水"概念和相关理论的提出，为提高喀斯特石漠化地区水资源利用研究提供了新的视角，为了掌握蓝水、绿水量及其分布，首先应探索适宜于模拟喀斯特石漠化地区蓝水、绿水循环过程的模型方法。为此，必须在厘清蓝水、绿水转化理论依据的基础上，分析相关计算蒸散发量的水文模型的区域适用性。本章基于 SPAC 水循环过程，从理论原理、模型方法、技术路线等方面对研究方法进行了论述，主要包括以下方面：

（1）基于对土壤—植被—大气连续体的水分循环和能量交换过程的描述，对 SPAC 原理及其应用于蓝水、绿水转化的理论依据进行了系统阐述。

（2）通过对 EcoHAT 系统构建原理、模块结构和应用情况的分析，论述了 EcoHAT 系统水循环模型应用于喀斯特石漠化地区蒸散发量计算的适用性，为蓝水、绿水转化的数字模拟提供了方法手段。

（3）通过对 EcoHAT 系统所涉及植被蒸散发和土壤水运移量计算公式的解析，从机理上解释了模型适用于蓝水、绿水模拟的依据。

（4）对模型初始输入数据内容及其获取方法进行了说明。

第3章　喀斯特石漠化地区生态绿水增长潜力分析

在喀斯特石漠化地区，植被退化加剧了降水的渗漏流失，使得原本应参与陆生植物生长过程的生态绿水量大幅减少，是形成当地"岩溶性干旱"现象的重要原因。因此，明晰研究区水资源利用现状，厘清其生态绿水的增长潜力，是进一步分析蓝水、绿水转化，进而提高水资源利用量的关键。为此，本章在介绍研究区自然及社会经济状况的基础上，通过对当地水资源量的时空分布、地区之间水资源利用情况的比较以及对水资源利用的行业变化趋势的分析，论述了当地生态绿水增长的潜力及其对提高水资源利用的可能贡献。

3.1　研究区概况

贵阳市位于云贵高原东北部长江与珠江的分水岭区域，在东经 106°07′～107°17′、北纬 26°11′～27°22′之间，其中喀斯特面积约 6830.26 km²，超过全市总面积的 80%，处于中国喀斯特地貌的中心地带(Gao, et al., 2016；王桂萍等, 2012)。由于城市扩张及开荒种地引发的乱砍滥伐，造成当地天然林退化严重，并致使约 85% 的地区出现不同程度的石漠化(Liu, et al., 2014)。当地水土流失严重，导致土层变薄、石多土少，是典型的喀斯特石漠化地区(Wang, et al., 2004；Yang, et al., 2011)。通过贵州省石漠化分布图 3-1

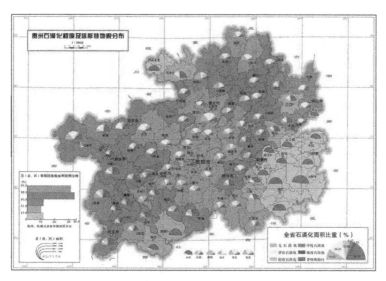

图 3-1　贵州省喀斯特石漠化地貌分布图
(来源：贵州省国土资源厅网站)

可见，贵阳市位于贵州省境内石漠化分布较为普遍的重度石漠化地区，对其渗漏蓝水的转化研究具有较好的参考意义。因此，选取其非城镇地区作为进行蓝水、绿水调控模拟的研究区。

　　贵阳市是贵州省的省会，位于贵州中部，也是全省的政治、经济、文化中心，辖有南明、云岩、白云、乌当、花溪和观山湖等 6 个城区及清镇市、息烽县、修文县和开阳县，总面积约为 8034 km²，作为研究区的非城镇地区面积约为 7495 km²（研究区地理位置参见图 3-2）。由于水行政主管部门所发布的水资源数据涵盖整个贵阳市，为便于分析，本章对水资源利用的论述基于贵阳全市范围。

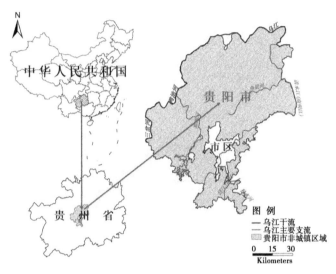

图 3-2　研究区位置示意图

3.1.1　自然地理条件

1. 气象条件

　　根据贵阳市水行政主管部门发布的《水资源公报》资料，贵阳市冬无严寒，夏无酷暑，气候类型为亚热带湿润温和型气候。当地年极端最高温度为 35.1℃，年极端最低温度为 -7.3℃，年平均气温在 15.3℃左右。作为最热月的 7 月，平均气温不超过 24℃；而作为最冷月的 1 月，平均气温约为 4.6℃，气候相对温和。贵阳市多年平均日照时数约为 1148.3 小时，无霜期长达 270 天以上，当地雨量充沛，多年平均降水量达 1095.7 mm（约 88.03×10⁸ m³），多年平均相对湿度大于 77%。

　　贵阳市降水时空分布不均，时间上主要集中在 5～10 月，约占全年降水量的 80%，空间上地区之间分布不均，北多南少，降水量变化幅度在 750～1200 mm 之间，从贵阳市降水量等值线图看（参见图 3-3），一个降水量高值区位于开阳县双流一带，一个降水量低值区位于清镇市站街一带。

图 3-3　贵阳市降水等值线图(引自《2013 年贵阳市水资源公报》)

贵阳市 2013 年降水量为 937.2 mm，比多年平均值 1095.7 mm 偏少 14%，从降水量行政区分配来看，2013 年降水量最大值位于北部的息烽县(1035.4 mm)，最小值位于南部的清镇市(835.8 mm)。为方便比较，根据贵阳市水行政主管部门发布的公报数据，将作为起始年的 2003 年和作为现状年的 2013 年各区县降水量分布情况列表如表 3-1 所示。

表 3-1　　　　　　　　　　贵阳市降水量各行政区统计表　　　　　　　　　(单位：mm)

降水量 年份	市区	开阳	息烽	修文	清镇	全市平均
2003 年	903.1	981.6	805.6	919.4	978.3	933.7
2013 年	925.6	992.9	1035.4	939.4	836.8	937.2

2. 地形地质条件

贵阳市地形以山地和丘陵为主，约占全市总面积的 89.7%，境内多高山峡谷，地势起伏不平，俗称"地无三里平"。全市海拔在 506.5～1762.7m 之间，其中市区平均海拔普遍在 1000 m 左右。

贵阳市境内石漠化敏感地带分布较为广泛，其中尤以北部和中西部最为强烈(参见图3-4)，由于当地特殊的喀斯特地质地貌结构，导致一方面土层较薄、土壤退化，极易发生水土流失(蔡雄飞等，2009)；另一方面，由于喀斯特石灰岩容易渗漏与侵蚀的特性，也致使降水在进入地下岩溶孔隙后更容易以径流(蓝水)的形式大量流走(唐益群等，2010)，减少了当地可用水资源量，最终因结构性缺水而引起地表植被生态系统发展失衡。正如前文所述，降水由参与蒸散发的绿水和以径流形式流走的蓝水两部分组成，如果降水大量以蓝水形式流失，必然致使原本应参与蒸散发过程的绿水大量减少。鉴于这部分渗漏流失的地下水(蓝水)受技术条件制约难以直接开发利用，对贵阳市而言，如何将其通过调控转化为可供陆生植被生长利用的绿水资源，对提高当地水资源利用量尤为重要。

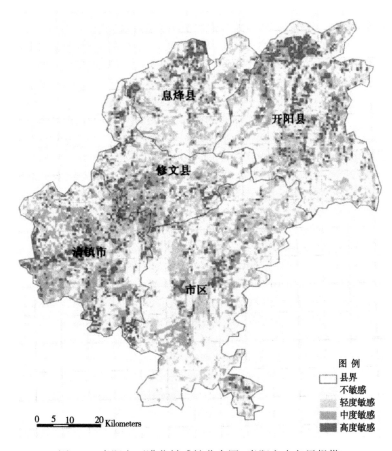

图 3-4 贵阳市石漠化敏感性分布图(贵阳市水务局提供)

3. 植被覆盖状况

根据《贵阳市统计年鉴》数据，2013 年全市森林面积约为 3633.33 km^2，森林覆盖率约为 44.2%(注：未发布植被盖度数据)，其地带性植被以亚热带常绿阔叶林为主。根据MODIS 遥感产品反演植被盖度图显示，研究区(贵阳市非城镇地区)2013 年平均植被盖度达到 60.93%(参见图 3-5),其中植被盖度在 10% 以下的面积约为 79 km²,植被盖度在 10%~20% 之间的面积约为 192 km²,植被盖度在 20%~30% 之间的面积约为 552 km²,植被盖度在 30%~40% 之间的面积约为 1266 km²,植被盖度在 40%~50% 之间的面积约为 1687 km²,植被盖度在 50%~60% 之间的面积约为 1220 km²,植被盖度在 60%~70% 之间的面积约为 1320 km²,植被盖度在 70%~80% 之间的面积约为 993 km²,植被盖度在 80%~90% 之间的面积约为 186 km²。

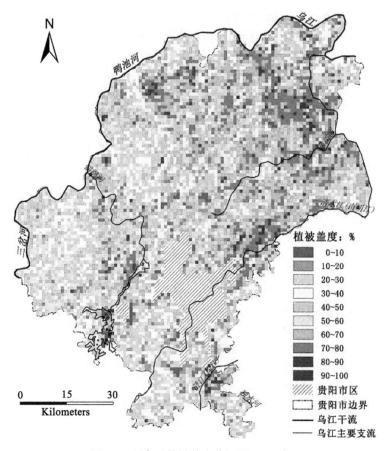

图 3-5　研究区植被盖度分级图(2013 年)

4. 土壤条件

研究区土壤以酸性黄壤和黏土为主,土壤类型包括黏土、重黏土、壤土、粉质壤土和砂质壤土(参见图 3-6),其中黏土占 49.05%(3676 km²),重黏土占 3.52%(264 km²),壤土占 34.36%(2575 km²),粉质壤土占 12.86%(964 km²),砂质壤土占 0.21%(16 km²)。岩石多为石灰岩、白云岩、页岩和砂岩。

根据《贵阳市统计年鉴》资料,当地山多土少,耕地资源极为有限,耕地面积约为 963.6 km²,约占全市国土面积的 12%。由于地质结构原因,当地适宜蓄水灌溉的水库有

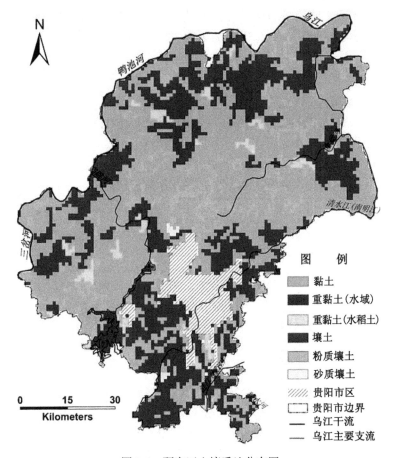

图 3-6　研究区土壤质地分布图

限，降水对当地农业生产起着决定作用，除去少部分稻田需要灌溉外，农业基本上靠天吃饭、以雨养为主。

3.1.2　社会经济情况

贵阳市地处贵州省中心位置，亦为全省政治、经济、文化和交通中心，也是我国大数据产业发展的前沿，综合数据显示贵阳市为经济增长较为稳定快速的地区。据《贵阳市统计年鉴》数据，2013 年全市国内生产总值为 2085.42 亿元，较 2012 年增长 16%，其中农林牧副渔业生产总值为 125.88 亿元，较 2012 年增长 6.5%；全市常住人口为 448.68 万人，其中户籍人口为 379.09 万人。贵阳市传统矿产为煤矿，但主要矿产资源已趋于枯竭；目前矿产以铝土矿和磷矿为优势矿种，在全国占有重要地位，其他如重晶石、水晶、石英砂等，也有很大开发前景。

贵阳市作为我国西南地区重要的中心城市，经济增长以资源开发为主，境内拥有全国著名的铝工业生产基地——贵州铝厂，此外，其磷矿产量也居于全国前三位。2014 年 1 月 6 日，经国务院批复同意设立贵安新区后，依托大数据产业的带动和支撑，新区建设如火如荼，一方面，对高科技产业和人口形成巨大的吸附效应；另一方面，也与人口总量已超过 400 万人的贵阳市之间形成了对水资源和生态环境的竞争。因此，对于今后如何协调新区与贵阳市之间对水资源、生态资源的诉求，已成为当地行政主管部门必须面对的挑战。

根据贵阳市水行政主管部门发布的数据，2013 年贵阳市工业用水量约为 $4.379×10^8$ m^3，约占常年平均水资源量 $45.15×10^8$ m^3 的不到 10%，农业用水量为 $2.854×10^8$ m^3，约占常年平均水资源量的 5%，水资源对全市经济发展尚有很大开发潜力。表 3-2 为 2013 年贵阳市水资源综合耗用情况统计表。

表 3-2　　　　　　　　　贵阳市 2013 年综合耗用水量统计表　　　　　（单位：亿立方米）

	工业	农业	城镇生活	农村生活	其他	总计
用水量	4.38	2.85	1.45	0.29	1.46	10.46
耗水量	0.79	1.63	0.22	0.27	1.20	4.10

注：本表其他项包含火电、林牧渔畜、生态环境、城镇公用等的用、耗水量，其中火电用水 $0.12×10^8$ m^3、林牧渔畜用水 $0.10×10^8$ m^3、城镇公用 $1.10×10^8$ m^3 以及生态环境 $0.14×10^8$ m^3。

3.2　研究区水资源现状

传统水资源学认为，某一地区水资源总量是指"当地降水形成的地表、地下产水总量（不包括区外来水量），由地表水资源量与地下水资源量相加，扣除两者之间相互转化的重复计算量而得"，并强调水资源的可利用性和自我更新功能（陈家琦等，2002；姜文来等，2005）。我国各地水行政主管部门在统计水资源量时，一般采用上述对水资源量的界定标准。

根据《贵阳市水生态文明城市建设试点实施方案（报批稿）》和贵阳市水务局发布的水资源公报数据[①]，贵阳市多年平均水资源总量约为 $45.15×10^8$ m^3，多年平均入境水量为 $89.48×10^8$ m^3，多年平均出境水量为 $127.89×10^8$ m^3，常年地下水资源量约为 $13.6×10^8$ m^3。由于喀斯特地下暗河与地表露头具有连通性，当地水行政主管部门在计算口径上将地下水归为地表径流的一部分，即地下水为地表水资源的构成部分，因此对地下水的开发利用将有助于提高当地水资源利用量。

贵阳市境内拥有长江和珠江两大水系，主要河流有乌江、鸭池河、清水江、南明河、猫跳河、谷撒河、底寨河等，其中长度超过 10 km 的河流多达 98 条（长江流域 90 条，珠江流域 8 条）。长江水系的主要河流有乌江、鸭池河、南明河、猫跳河、鱼梁河、暗流河、谷撒河、洋水河和息烽河，珠江水系主要河流为蒙江。目前，全市已建成大中型水库 10 座，蓄水量较大的有乌江渡水库及红枫湖、百花湖等大型水库，城市近郊主要分布有阿哈、松柏山、花溪、岩鹰山等中型水库。

---

① 贵阳市 2003 年和 2013 年水资源公报数据查询网址分别为：http://swglj.gygov.gov.cn/art/2008/11/7/art_30889_1047389.html，http://swglj.gygov.gov.cn/art/2014/9/12/art_30889_1047379.html。

根据贵阳市水资源公报，2013 年贵阳市 10 座大、中型水库年末蓄水量为 $29.91×10^8$ m^3，其中大型水库 5 座，总库容量 $45×10^8$ m^3，2013 年末蓄水量为 $28.76×10^8$ m^3，中型水库 5 座，2013 年末蓄水量 $1.15×10^8$ m^3（贵阳市大中型水库蓄水情况参见表 3-3）。

表 3-3 　　　　　　贵阳市 2013 年主要大中型水库蓄水量 　　　　（单位：10^8 m^3）

水库类型	水库名称	所属河流	总库容	年初蓄水量	年末蓄水量	年蓄水变量
大型水库	乌江渡	乌江	23.0000	16.1842	16.1158	-0.0684
	东风	鸭池河	10.2500	8.1645	6.6637	-1.5008
	索风营	鸭池河	2.0120	1.5657	1.6616	0.0959
	红枫湖	猫跳河	7.5288	3.2129	3.1096	-0.1033
	百花湖	猫跳河	2.2082	1.4267	1.2097	-0.2107
	小　计		44.9990	30.5540	28.7604	-1.7873
中型水库	花溪	南明河	0.3140	0.1552	0.0591	-0.0961
	阿哈	南明河	0.7288	0.5070	0.5240	0.0170
	松柏山	南明河	0.4790	0.4222	0.2160	-0.2062
	修文	猫跳河	0.1560	0.1058	0.1087	0.0029
	红岩	猫跳河	0.4460	0.2909	0.2459	-0.0450
	小　计		2.1178	1.4811	1.1537	-0.3274
合　计			47.1168	32.0351	29.9141	-2.1210

贵阳市 2013 年水资源总量为 $33.577×10^8$ m^3，年径流深为 417.9 mm，较多年平均水资源量 $45.15×10^8$ m^3 偏少 25.6%，比上一年偏少 33.1%，属偏枯年份，全年人均水资源量 743 m^3。供水总量与用水总量持平，均为 $10.46×10^8$ m^3；2013 年贵阳市地下水资源量为 $11.969×10^8$ m^3，占全市水资源总量的约 35.6%。贵阳市各行政区水资源统计数据参见表 3-4。

表 3-4 　　　　　　贵阳市 2013 年水资源量各行政区统计表 　　　　（单位：10^8 m^3）

行政区	地表水量	地下水量	水资源总量	人均水资源量（m^3/(人·年)）
全市	33.577	11.969	33.577	743
市区	10.311	3.675	10.311	489
开阳	8.923	3.181	8.923	2459
息烽	4.761	1.697	4.761	2174

续表

行政区	地表水量	地下水量	水资源总量	人均水资源量 （m³/（人·年））
修文	4.483	1.598	4.483	1730
清镇	5.099	1.181	5.099	1097

注：根据贵阳市水务局说明，贵阳市位于岩溶地带，浅层地下水在计算口径上为地表径流的构成部分，其量值计入当地地表水资源总量。

总体而言，贵阳市地处亚热带湿润气候带，水资源量相对丰富；根据国家统计局发布的数据，贵州省 2013 年人均水资源量为 2174.2 m^3，在全国各省中排名第 14 位，略低于吉林省，属于轻度缺水地区。

3.3　研究区水资源利用情况

据《贵阳市水资源公报》数据显示，贵阳市 2013 年全市常住人口为 448.68 万人，全市面积 8034 km^2，人口密度为 558.5 人/km^2，2013 年水资源量为 $33.577×10^8$ m^3，人均水资源量为 743 m^3。另据 2016 年 8 月 29 日中国水网发布的信息，2013 年北京、上海、天津年人均水资源量分别为 118.59 m^3、116.9 m^3 和 101.49 m^3，远远低于位于亚热带湿润气候带降水偏枯年份的贵阳市，仅从人均水资源占有绝对量来衡量，贵阳市水资源量远高于京津沪，考虑到京津沪人口密度远高于贵阳市，贵阳市人均水资源利用效率应远低于以上三个直辖市。

为方便对水资源占有量的直观比较，本研究将降水条件与贵阳市相似、同为西南地区的成都市与贵阳市进行对比。根据《成都市水资源公报》数据，成都市总面积 12121 km^2，2013 年常住人口 1429.76 万人，人口密度为 1179.6 人/km^2，多年平均降水量为 991.8 mm，与贵阳市多年平均降水量 1095.7 mm 接近。2013 年，成都市降水量 1333.19 mm，水资源总量为 $101.57×10^8 m^3$，人均水资源占有量约 710 m^3；贵阳市 2013 年水资源总量为 $33.577×10^8 m^3$，人均水资源量为 743 m^3。由于成都市水资源总量为贵阳市的 3 倍，人口亦为贵阳市的 3 倍，因此，两市 2013 年人均水资源量值接近。但如果将两市水资源总量按面积来平均，不难发现，贵阳市每平方公里水资源量为 417936.27 m^3，约为成都市 837967.17 m^3/km^2 的一半，因此，实际贵阳市单位面积水资源量远低于降水条件相似的成都市，考虑到贵阳市作为经济欠发达地区，未来随着经济发展对人口的吸附作用，对水资源开发利用的压力将进一步加剧。成都市与贵阳市 2013 年水资源相关数据对比参见表3-5。

为了进一步分析贵阳市提高水资源利用量的潜力，宜将两市水资源利用量占水资源总量的比重进行对比。通过对贵阳市 2003—2013 年期间《贵阳市水资源公报》所发布的年度水资源量数据和用水量数据发现，当地每年的水资源量随着当年降水量的变化与其他年份产生较大差异，但用水量一般却不会产生大幅变动。例如，贵阳市 2011 年的水资源量仅为 $27.075×10^8 m^3$，2011 年用水量为 $10.15×10^8 m^3$；2012 年的水资源高达 $50.21×10^8 m^3$，而用水量也仅为 10.10×10^{8}m^3。贵阳市 2003—2013 年水资源量和用水量分别参见图 3-7 和图 3-8。

表 3-5　　　　　　　　　成都市与贵阳市 2013 年水资源相关数据对比表（一）

项目 城市	国土面积 （km^2）	人口数量 （万人）	人口密度 （人/km^2）	降水量 （mm）	水资源量 （10^{8}m^3）	人均水 资源量 （m^3/人）	单位面积 水资源量 （m^3/km^2）
成都市	12121	1429.76	1179.6	1333.19	101.57	710	837967.17
贵阳市	8034	448.68	558.5	937.20	33.58	743	417936.27

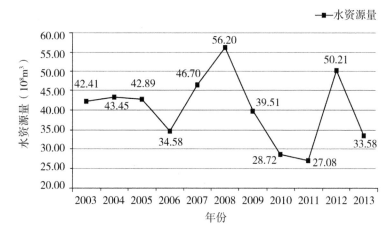

图 3-7　贵阳市 2003—2013 年水资源量

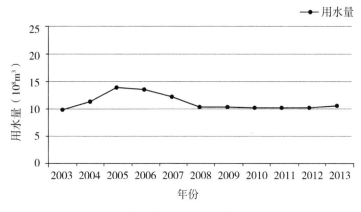

图 3-8　贵阳市 2003—2013 年用水量

从图 3-7 和图 3-8 可见，2003—2013 年间，贵阳市水资源量各年份间有时变化幅度较大，而用水量则基本保持了平稳，并且相对水资源量而言变化幅度很小。因此，为了客观反映用水量的增长空间，将两市 2013 年用水量占多年平均水资源总量的比例进行对比分析。通过计算发现，成都市 2013 年用水量占多年平均水资源总量的比例为 62.76%，高出贵阳市(23.17%)将近 40 个百分点，既反映了贵阳市对水资源利用比例相对偏低，随着社会的发展，对水资源的开发利用需求将进一步增强，也从一定程度上体现出降水漏失对贵阳市水资源利用的不利影响。尽管从人均水资源占有量上看，贵阳市远远高于北京、上海、天津等发达地区，其水资源利用量占多年平均水资源总量的比重却仅有 23.17%；反观降水条件和人均水资源占有量与贵阳市相似的成都市，2013 年水资源利用量占多年平均水资源总量的比重高达 62.76%。因此，结合两市人均水资源占有量和目前对水资源的利用情况来看，贵阳市水资源利用量具有较大的提高潜力。

此外，根据《贵阳市水资源公报》和《成都市水资源公报》数据，对比两市地下水量占水资源总量比例发现，成都市比例为 27.78%，贵阳市为 35.65%，贵阳市地下水量占水资源总量比例高出成都市约 8 个百分点，一定程度上反映了贵阳市降水渗漏的严重程性。成都市与贵阳市地下水和用水量对比相关数据参见表 3-6。

表 3-6　　　　　　　成都市与贵阳市 2013 年水资源相关数据对比表(二)

项目 城市	地下水量 ($10^8 m^3$)	水资源量 ($10^8 m^3$)	地下水量占 水资源量 比例(%)	用水量 ($10^8 m^3$)	多年平均 水资源量 ($10^8 m^3$)	用水量占多 年平均水资 源量比例(%)
成都市	28.22	101.57	27.78	54.02	86.07	62.76
贵阳市	11.97	33.58	35.65	10.46	45.15	23.17

据《2013 年贵阳市水资源公报》数据显示，贵阳市 2013 年用水量为 $10.46×10^8 m^3$，不足多年平均水资源总量 $45.15×10^8 m^3$ 的 25%。除了水资源相对同类地区不足外，从用水量的行业去向来看，工业用水量为 $4.52×10^8 m^3$，占用水总量的 43.2%，其次为农业用水量 $2.85×10^8 m^3$，占 27.3%，生活用水量为 $1.74×10^8 m^3$，占 16.7%；而从水资源耗用量来看，全市 2013 年耗水量仅为 $4.1×10^8 m^3$，相对于当地庞大的水资源量，反映出其较低的水资源开发利用程度。由于工业生产用水循环再生的特点，导致其耗水量仅为 $0.9×10^8 m^3$，反而是农业生产耗水量高达 $1.63×10^8 m^3$；而且，根据表 3-2，贵阳市生态用水量占比也相当有限，体现了当地用水结构特点，生态环境用水量偏低的现状，从侧面反映了未来提高水资源利用量的潜在方向。表 3-7 是按行政区统计的贵阳市耗用水情况。

通过表 3-7 可见，2013 年贵阳市水资源按利用量从大到小排列依次为工业、农业、生活以及其他(火电、林渔、生态、城镇公用)。从水资源总体利用的情况来看，按全市每年不到 $11×10^8 m^3$ 的用水量(包括生产、生活用水及火电、林渔、生态绿化等其他用水量 $1.46×10^8 m^3$)，水资源利用量竟不足常年水资源总量的 25%；而除去每年大约 $6×10^8 m^3$ 的生产生活耗水，光是每年流失掉的地下水资源量就达 $13.6×10^8 m^3$。而根据成都市水资源公报数据，与贵阳市降水条件相似的成都市 2013 年用水量达 $54.02×10^8 m^3$，占其当年水资源总量 $101.57×10^8 m^3$ 的一半还多，其中生态用水量(河道外)为 $1.11×10^8 m^3$，占总用

水量的 2.05%。根据贵阳市水资源公报提供的数据，2013 年全市生态环境用水 0.14×
10^8 m³，占贵阳市 2013 年用水总量 8.994 的 1.55%。因此，贵阳市水资源利用量尚有
很大提高空间，当前尤其在生态环境方面水资源耗用的比例相对较低。

表 3-7 　　　　　　　　**贵阳市各行政区 2013 年耗用水量统计表** 　　　　（单位：10^8m³）

地区 本区水量	市辖区	开阳	息烽	修文	清镇	全市总量
总用水量	5.296	1.234	0.615	0.687	1.162	8.994
总耗水量	1.27	0.563	0.210	0.283	0.577	2.903
工业用水	3.287	0.390	0.371	0.275	0.180	4.379
工业耗水	0.572	0.070	0.067	0.050	0.032	0.791
农业用水	0.685	0.757	0.194	0.353	0.865	2.854
农业耗水	0.399	0.442	0.112	0.196	0.481	1.629
城镇生活用水	1.320	0.036	0.018	0.021	0.055	1.449
城镇生活耗水	0.198	0.005	0.003	0.003	0.008	0.217
农村生活用水	0.113	0.051	0.032	0.038	0.062	0.294
农村生活耗水	0.101	0.045	0.029	0.034	0.056	0.265

注：本表不含火电及其他(林牧渔畜、生态环境、城镇公用)用、耗水量。

3.4　生态绿水对提高水资源利用量的贡献潜力分析

鉴于贵阳市 2013 年水资源利用量占常年平均水资源量的比例不足 25%，远低于人均
水资源占有量相近的非喀斯特地区成都市，而且生态环境用水量更是仅为成都市的 1/8，
因此，贵阳市水资源利用量应该具有相当增长潜力，尤其在生态环境用水方面。为量化分
析贵阳市提高水资源利用量的潜力和增长方向，还需结合当地各行业对水资源利用的变化
趋势，探索提高水资源利用量的潜在领域。

3.4.1　水资源利用的行业变化趋势

分析某一地区水资源利用量的提高潜力，除了分析现有水资源总量和利用量外，还
应从历史发展的脉络来分析各行业对水资源利用的消费需求潜力，以及水资源用于该
行业的现实可得性。首先，根据贵阳市水行政主管部门发布的公报数据，将 2003—
2013 年工业、农业、生活、火电用水以及林牧、公用、生态环境等其他用水情况汇总，
如表 3-8 所示。

表 3-8　　　　　　　　贵阳市主要用水行业水资源利用情况　　　　　　（单位：10^8 m^3）

用水量＼年份	2003	2004	2005	2006	2007	2008	2009	2010	2011	2012	2013
总用水量	9.92	11.43	13.94	13.62	12.40	10.29	10.23	10.12	10.15	10.10	10.46
工业用水	5.12	5.99	5.51	5.56	5.71	4.55	4.40	4.7	4.29	4.65	4.40
农业用水	3.22	3.35	3.45	3.45	3.22	2.72	2.96	2.6	2.50	2.40	2.85
生活用水	1.58	1.61	1.65	1.67	1.70	1.72	1.67	1.6	2.25	1.82	1.74
火电用水	—	—	2.80	2.43	1.22	0.82	0.72	0.75	0.50	0.09	0.12
其他用水	0.49	0.50	0.52	0.52	0.55	0.46	0.47	0.47	0.61	1.14	1.35
林牧渔畜	0.19	0.18	0.21	0.20	0.22	0.13	0.13	0.13	0.13	0.12	0.10
城镇公用	0.18	0.18	0.19	0.19	0.20	0.20	0.20	0.20	0.29	0.78	1.10
生态用水	0.12	0.12	0.12	0.13	0.13	0.13	0.14	0.14	0.19	0.24	0.14

注：本表中其他用水为林牧渔畜、城镇公用和生态环境三大方面的用水量之和。

通过表 3-8 分析发现，2003—2013 年，贵阳市工业用水和农业用水总体上呈缓慢下降的趋势，火电用水总体上呈逐年急遽下降趋势，而生活用水呈较缓慢的上升趋势，相关变化趋势参见图 3-9。

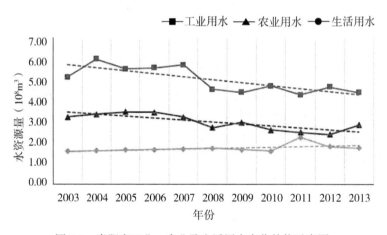

图 3-9　贵阳市工业、农业及生活用水变化趋势示意图

根据贵阳市统计局发布的《贵阳市统计年鉴》数据，发现 2003—2013 年间，贵阳市国内生产总值 (GDP) 增长了约 5.47 倍，常住人口增长了约 1.55 倍，但工农业用水并未增长，原因既可能与生产效率提高有关，也可能与产业结构调整有关；生活用水量缓慢上升，增幅仅为 1.1 倍，严重滞后于人口增长。贵阳市 2003—2013 年国内生产总值和人口

增长情况分别参见表 3-9 和图 3-10；此外，火电用水由于缺少 2003—2004 年数据，而且数值量级变化幅度过大，未在图 3-9 中展示。

表 3-9　　　　　　贵阳市国内生产总值（GDP）和人口增长情况统计表

年份 统计值	2003	2004	2005	2006	2007	2008	2009	2010	2011	2012	2013
GDP（亿元）	380.92	443.63	525.62	617.24	728.97	876.82	971.94	1121.82	1383.07	1710.30	2085.42
人口（万人）	348.70	350.85	353.09	396.66	405.26	413.44	423.12	432.93	439.33	445.17	452.19

图 3-10 中，为便于观察人口和 GDP 的不同增长速率，纵坐标采用相同的数值进阶，但数值单位不同，从图中可见，人口增速明显低于 GDP 增速。

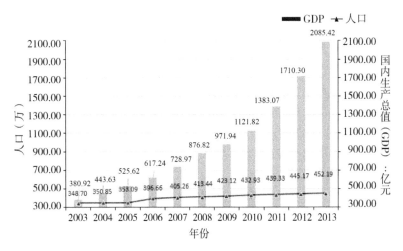

图 3-10　2003—2013 年贵阳市国内生产总值（GDP）和人口变化趋势示意图

其次，将同为一个数量级的林牧渔畜业、城镇公用及生态环境用水数据汇总采用柱状图来表达各领域用水特征。如图 3-11 所示，2003—2013 年城镇公用部分对水资源的利用在 2011 年之前总体呈缓慢上升趋势，在 2011 年后呈急遽上升态势，应是受非正常因素影响，林牧渔畜用水总体上呈缓慢下降趋势，生态环境用水除 2013 年有所下降外，其他年份呈缓慢稳定上升趋势。

综合图 3-9 和图 3-11 的水资源利用变化特征，推测短期内工业、农业及林牧渔畜业用水量不可能出现上升或大幅异常变化，随着城市的扩张，城镇公用对水资源的需求可能呈快速增长的趋势，但受生活、消费习惯影响，生活用水短期内不可能过快增长。随着经济和生活水平的提升，政府和个人对生态环境改善的需求也将逐年增强，因此今后生态环境用水量存在大幅增长的可能。

从提高水资源利用量的目标出发，尽管城镇公用和生活用水将呈一定增长趋势，但其量级受人口增长因素制约，城市即使再扩张，人口也不可能爆炸式增长，因此，其对水资

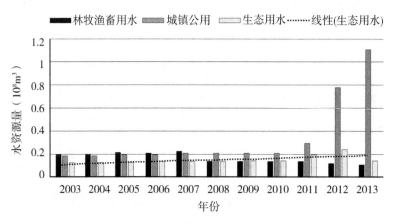

图 3-11   贵阳市林牧渔畜业、城镇公用及生态用水变化趋势示意图

源利用的需求也不可能在短时间内出现大幅的增长，并且显然不可能采用行政手段令居民大幅增加生活用水，那样也将与政府水生态文明建设的精神背道而驰。而生态环境用水看似增长缓慢，在喀斯特石漠化地区却有大幅提高利用的潜力，历史上正是由于植被的破坏，大幅降低了生态用水量。此外，根据成都市水资源公报资料，2013 年成都市河道外生态用水量达 1.11×10^8 m^3，占其当年用水总量的 2.05%（成都市 2013 年水资源利用情况参见表 3-10），为贵阳市生态用水量的 7.93 倍，鉴于成都市国土面积约为贵阳市的 1.5 倍，因此贵阳市生态环境用水量（即生态绿水）有很大的提高潜力。

表 3-10   2013 年成都市各行业水资源利用情况

	第一产业	第二产业	第三产业	生活用水	生态用水	总用水量
用水量(10^8 m^3)	29.65	11.60	2.86	8.81	1.11	54.02
占总用水比例(%)	54.88	21.47	5.29	16.31	2.05	100.00

综合之前的用水数据分析结果，贵阳市常年地下水资源量高达 13.6×10^8 m^3，占多年平均水资源总量 45.15×10^8 m^3 的 30.12%，可开发潜力巨大。全市工业、农业及林牧渔畜用水量呈逐年减少趋势，生活用水缓慢增长，城镇公共用水在 2012—2013 年增幅较大，但其量值最高也仅为 1.1×10^8 m^3，考虑到城镇公共用水受到人口因素制约，用水量不可能长期保持快速增长的势头。根据新获取的《贵阳市水资源公报》资料显示，2014 年城镇公共用水量为 1.131×10^8 m^3，2015 年城镇公共用水量为 1.137×10^8 m^3，相比较 2013 年的 1.1×10^8 m^3、2012 年的 0.78×10^8 m^3 和 2011 年的 0.29×10^8 m^3，增长趋势逐年减缓。参见图 3-12。

鉴于贵阳市工业、农业及林牧渔畜用水量逐年减少，生活用水和城镇公共用水增长缓慢的现状，为生态环境用水的大幅增长排除了行业用水竞争对象。因此，在面积广大的非城镇地区，如果能采取适当措施，将渗漏流失的地下水资源最大限度转化为当地的植被生

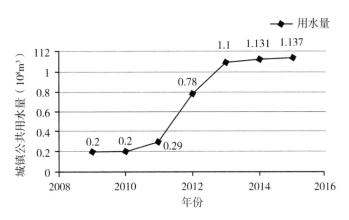

图 3-12　贵阳市城镇公共用水量变化趋势图

态用水，无疑将大幅提高当地水资源利用量。

　　至于采取何种措施，提高生态环境对水资源的利用，通过前面章节的分析可知，在喀斯特地区，由于地质结构的限制，如果采用工程法修建水利设施进行拦截、引提渗漏的地下水资源，一方面，在水库选址上将困难重重；另一方面，对资金的投入成本也将是巨大的挑战。根据之前对 SPAC 原理的分析，以及 EcoHAT 系统水循环模型应用于贵州喀斯特石漠化地区计算蒸散发和绿水的已有研究成果，如果能从蓝水、绿水转化的角度，采取适当措施将渗漏流失的难利用地下蓝水转化为可供陆生植被生长利用的生态绿水，对于当前技术条件下喀斯特石漠化地区的水资源开发利用将具有十分重要的参考意义。

3.4.2　生态绿水增长潜力

　　根据 3.3 节的数据分析，将渗漏的难利用蓝水转化为可供当地陆生植物利用的生态绿水，是提高喀斯特石漠化典型区——贵阳市非城镇地区水资源利用量的潜在参考方案，但是对于当地蓝水、绿水所占降水比例而言，具体有多大可调控的空间（即生态绿水对水资源利用量增长的贡献潜力），还需要对水资源的蓝绿水构成做进一步的分析。

　　根据 2013 年《贵阳市水资源公报》数据，贵阳市 2013 年的降水量为 937.2 mm（约 75.29×10⁸ m³），径流量（蓝水）为 33.58×10⁸ m³，因此，2013 年绿水资源量应为：75.29−33.58＝41.71（单位：10^8 m³），2013 年绿水总量占降水比例为 55.39%。同理，可求得 2003 年和多年平均绿水资源占降水比例分别为：43.46% 和 48.71%。贵阳市蓝水、绿水量对比参见表 3-11。

　　通过对贵阳市水行政主管部门所发布的水资源数据进行计算和分析发现，无论是多年平均还是 2003 年和 2013 年，贵阳市绿水资源占降水的比例都大幅低于全球 65% 的平均占比。尤其对位于湿润气候带的区域而言，绿水占降水的比例理论上应高于全球平均值；因此，作为喀斯特石漠化典型区的贵阳市，具有较大提升绿水份额的可调控空间。

表 3-11　　　　　　　　　　贵阳市蓝水、绿水构成情况　　　　　　（单位：10^8 m^3）

时　间	降水量	出入境水量差	生产生活耗水量	径流量	蓝水	绿水	绿水份额
2003 年	75.01	38.88	3.53	42.41	42.41	34.71	43.46%
2013 年	75.29	29.48	4.10	33.58	33.58	43.58	55.39%
多年平均	88.03	38.41	6.74	45.15	45.15	44.89	48.71%

结合之前对行业用水变化趋势的分析，贵阳市生态绿水量具有较大的增长潜力。

3.5　本章小结

喀斯特石漠化地区由于植被破坏、土层变薄，加剧了降水渗漏流失，为了提高当地水资源利用量，首先需要厘清研究区水资源利用的现状，分析主要用水行业的水资源耗用情况。为此，本章基于水行政主管部门所发布的水资源数据，从水资源概况、水资源利用现状、提高水资源利用量的可能方向，以及蓝水、绿水构成等几方面，通过对比分析，对生态绿水增长的潜力进行了论述，主要包括以下内容：

（1）详细介绍了贵阳市自然地理概况和社会经济情况，重点介绍了当地的水资源量及时空分布特点，为喀斯特石漠化地区蓝绿水转化研究提供基础依据。

（2）通过将贵阳市水资源利用量与国内主要城市，以及降水和人口密度等条件相似的非喀斯特地区成都市进行比较，一方面指出研究区水资源相对丰富，另一方面也反映出其水资源利用量有待提高的现实。

（3）通过比较分析研究区主要用水行业在 2003—2013 年间的用水变化特点，发现当地主要用水行业的工业、农业以及林牧渔畜用水量呈逐年减少趋势，生活用水和城镇公共用水增长缓慢，生态环境用水尽管增长缓慢，但随着社会发展，具有较大的增长需求。

（4）通过对比研究区蓝水与绿水资源总量占当地降水的比例，发现无论是多年平均值还是现状年数据，绿水份额均大幅低于全球平均水平，因此具有很大的蓝水、绿水调控空间。

（5）基于喀斯特石漠化地区降水易于渗漏流失的现状，结合各行业用水变化趋势分析，提出在目前技术条件下提高水资源利用量的适宜途径在于采取适当的控措施，将渗漏的难利用地下蓝水转化为对生态恢复有用的绿水资源。

第4章 蓝水、绿水空间分布的数字模拟

降水大量渗漏流失是喀斯特石漠化地区水资源利用量偏低的重要原因，为了实现将难利用的渗漏蓝水转化为可供陆地植物生长利用的生态绿水，有必要掌握研究区蓝水、绿水空间分布状况，并在此基础上分析蓝水、绿水分布的特点和原因，进而探索能够对渗漏过程产生影响的关键因子。为此，本章借助 EcoHAT 系统，分别以 2003 年和 2013 年为模拟计算的初始年和现状年，基于遥感影像数据，对研究区蓝水、绿水空间分布进行数字模拟，并重点模拟渗漏量的空间分布。通过对比初始年和现状年蓝水、绿水量及其分布的变化情况，结合 SPAC 原理，实现对蓝水、绿水及渗漏量空间分布的初步分析，为进一步分析渗漏蓝水变化奠定基础。

4.1 模型输入和输出数据

EcoHAT 系统用于蓝水、绿水循环过程模拟的数据主要包括地理空间信息数据和气象水文数据两大类(参见 2.4 节)，EcoHAT 系统基于 ENVI 平台的 IDL 语言开发，为利于对数据和参数的管理、提高模型计算效率，模型输入与输出的地理空间数据均采用 ENVI 标准数据格式，参数文件一般采用 .txt 格式。

在具体计算中，EcoHAT 系统对水分在土壤—植被—大气间的传输采取分步进行计算，包括太阳辐射、地表净辐射、地表潜在蒸散发、土壤水蒸发、降水截留、土壤水运移以及水量平衡等环节，上一步骤计算的输出结果作为下一步计算输入数据的组成部分。主要计算环节所涉及的输入和输出数据如表 4-1~表 4-14 所示。

表 4-1　　　　　　　　　　　　　太阳辐射计算输入数据

序号	输入数据	数据格式	内容	单位
1	Rs_para_txt_0	文本格式	所在时区中心经度	—
2	DEM_0	ENVI 标准格式	数字高程模型	m
3	Longitude_0	ENVI 标准格式	经度	度
4	Latitude_0	ENVI 标准格式	纬度	度

表 4-2　　　　　　　　　　　　　太阳辐射计算输出数据

序号	输出数据	数据格式	内容	单位
1	Rs_instant_date	ENVI 标准格式	瞬时太阳辐射	W/m^2

表 4-3 地表净辐射计算输入数据

序号	输入参数	数据格式	内容	单位
1	Albedo_date	ENVI 标准格式	MODIS 反照率	—
2	Emis31_date	ENVI 标准格式	MODIS 第 31 波段辐射率	—
3	Emis32_date	ENVI 标准格式	MODIS 第 32 波段辐射率	—
4	LST_date	ENVI 标准格式	MODIS 陆地表面温度	K
5	T_rise_date	ENVI 标准格式	日出时间	h
6	T_set_date	ENVI 标准格式	日落时间	h
7	Tair_instant_date	ENVI 标准格式	瞬时气温	K
8	Rs_instant_date	ENVI 标准格式	瞬时太阳辐射	W/m^2

表 4-4 地表净辐射计算输出数据

序号	输出参数	数据格式	内容	单位
1	Rn_instant_date	ENVI 标准格式	瞬时净辐射	W/m^2

表 4-5 地表潜在蒸散发计算输入数据

序号	输入参数	数据格式	内容	单位
1	Rn_instant_date	ENVI 标准格式	瞬时净辐射	W/m^2
2	Tair_instant_date	ENVI 标准格式	瞬时气温	K
3	Vegcover_date	ENVI 标准格式	植被盖度	%
4	DEM_0	ENVI 标准格式	数字高程模型	m
5	Boundary_0	ENVI 标准格式	研究区边界	—

表 4-6 地表潜在蒸散发计算输出数据

序号	输出参数	数据格式	内容	单位
1	ETp_instant_date	ENVI 标准格式	地表瞬时潜在蒸散发	mm

表 4-7   土壤水蒸发计算输入数据

序号	输入参数	数据格式	内容	单位
1	ETp_instant_date	ENVI 标准格式	地表瞬时潜在蒸散发	mm
2	Lai_date	ENVI 标准格式	MODIS 叶面积指数	——
3	Boundary_0	ENVI 标准格式	研究区边界	——

表 4-8   土壤水蒸发计算输出数据

序号	输出参数	数据格式	内容	单位
1	Eps_instant_date	ENVI 标准格式	地表瞬时土壤水蒸发	mm

表 4-9   植被降水截留计算输入数据

序号	输入参数	数据格式	内容	单位
1	precipitation_date	ENVI 标准格式	雨量站或气象站日均降水量	mm
2	Lai_date	ENVI 标准格式	MODIS 叶面积指数	——
3	Vegcover_date	ENVI 标准格式	植被盖度	——
4	Boundary_0	ENVI 标准格式	研究区边界	——

表 4-10   植被降水截留计算输出数据

序号	输出参数	数据格式	内容	单位
1	Interception_date	ENVI 标准格式	日降雨截留量	mm

表 4-11   土壤水运移计算输入数据

序号	输入参数	数据格式	内容	单位
1	Eps_instant_date	ENVI 标准格式	地表瞬时潜在土壤水蒸发	mm
2	ETp_instant_date	ENVI 标准格式	地表瞬时潜在蒸散发	mm
3	Interception_date	ENVI 标准格式	降雨截留量	mm
4	LAI_date	ENVI 标准格式	MODIS 叶面积指数	——
5	precipitation_date	ENVI 标准格式	雨量站或气象站日均降水量	mm
6	RootDepth_date	ENVI 标准格式	根系深度	mm

续表

序号	输入参数	数据格式	内容	单位
7	T_rise_date	ENVI 标准格式	日出时间	h
8	T_set_date	ENVI 标准格式	日落时间	h
9	Soil_date	ENVI 标准格式	微波同步观测土壤水分数据	%
10	Soil_Type_0	ENVI 标准格式	土壤类型	—
11	Soil_moisture_layer N _date	ENVI 标准格式	模拟开始日期第 N 层土壤初始含水量	%

表 4-12   **土壤水运移计算输出数据**

序号	输出参数	数据格式	内容	单位
1	Eps_daily_date	ENVI 标准格式	日潜在土壤水蒸发	mm
2	Etp_daily_date	ENVI 标准格式	日潜在蒸散发	mm
3	Etree_daily_date	ENVI 标准格式	日植被蒸腾量	mm
4	Soil _ moisture _ layer1 _date	ENVI 标准格式	逐日模拟出第 1 层土壤含水量	%
5	Infiltration_date	ENVI 标准格式	日降水渗漏量	mm

表 4-13   **水量平衡分量计算输入数据**

序号	输入参数	数据格式	内容	单位
1	precipitation_date	ENVI 标准格式	降水量	mm
2	Interception_date	ENVI 标准格式	降水截留量	mm
3	Etree_daily_date	ENVI 标准格式	植被蒸腾量	mm
4	Eps_daily_date	ENVI 标准格式	土壤蒸发量	mm
5	Soil_moisture_layer N _date	ENVI 标准格式	第 N 层土壤初始含水量	%
6	Infiltration_date	ENVI 标准格式	日降水渗漏量	mm

    模型计算最终结果输出数据主要包括土壤蒸发、植被蒸腾、降水截留、土壤水蓄变量以及渗漏量等,参见表 4-14。

表 4-14 水量平衡分量计算输出数据

序号	输出参数	数据格式	内容	单位
1	precipitation_年份	ENVI 标准格式	年降水量	mm
2	Interception_年份	ENVI 标准格式	年降水截留量	mm
3	Etree_daily_年份	ENVI 标准格式	年植被蒸腾量	mm
4	Eps_daily_年份	ENVI 标准格式	年土壤蒸发量	mm
5	Soil_moisture_年份	ENVI 标准格式	年土壤水分蓄变量	mm
6	Infiltration_年份	ENVI 标准格式	年降水渗漏量	mm

4.2 主要参数

鉴于 EcoHAT 系统此前已多次用于计算贵阳市附近的植被蒸散发或绿水消耗(王玉娟等, 2008; 温志群等, 2010; 杨胜天, 2014), 计算结果经与观测值验证, 具有良好的可信度(参见 2.2 节), 因此, 不再对模型参数进行区域适用性率定。在模型计算过程中可能影响计算结果精度的参数主要包括: 土壤厚度、土壤质地、根系深度、土壤水传导率, 以及田间持水量等, 这些参数的确定方法及内容描述参见表 4-15。

表 4-15 EcoHAT 系统水循环模型计算的主要参数及确定方法

序号	参数名称	内容	单位	确定方法
1	Soil_thickness	土壤厚度	cm	杨胜天等
2	Soil_texture	土壤质地类型	无量纲	专题数据
3	Rootdepth_ date	根系深度	m	模型计算
4	Ks	土壤水导水率	%	吴擎龙等
5	P1\P2\P3\P4	土壤水分运移参数	无量纲	吴擎龙等
6	Swfc	田间持水量	$m^3 \cdot m^{-3}$	SPAW 模型
7	Swf	饱和含水量	$m^3 \cdot m^{-4}$	SPAW 模型
8	Sww	萎蔫含水量	$m^3 \cdot m^{-5}$	SPAW 模型
9	Ω	土地覆盖聚集度指数	无量纲	专题数据

具体到各参数值的确定, 土壤厚度参考之前杨胜天和温志群的研究成果, 并结合野外调研, 定为 40 cm; 对根系深度的取值则取决于不同的植被类型和土地利用类型。土地覆盖类型聚集度指数 Ω, 通过表 2-1 查找获得。

EcoHAT 系统中不同土壤质地的土壤水分运移参数和渗漏率来自吴擎龙等(1996)的研究成果, 涉及农作物长势的田间持水量等参数, 可根据不同土壤质地和作物类型等属性通过 SPAW 模型查找确定, 不同土壤质地的土壤水分运移参数和导水率参见表 2-2。

4.3　蓝水、绿水各分量值计算

对蓝水、绿水各分量值的计算，需要按照 EcoHAT 系统计算流程，将处理好的地理信息数据和气象水文数据依次输入模型不同的计算模块，得到蒸散发量、土壤水蓄变量和渗漏量，再根据水量平衡原理，计算得到蓝水径流量，并将相关计算结果通过 GIS 数字化转化为可视图层。

4.3.1　EcoHAT 系统对蓝水、绿水计算的主要流程

EcoHAT 系统对蓝水、绿水的模拟和计算流程参照 SPAC 能量与水分计算流程，分为三大环节，即植被截留、蒸散发、土壤水运移，在模型计算之前，需对输入数据进行预处理，为了计算蓝水、绿水各组成成分，在土壤水运移计算结束后，还需要根据水量平衡原理，计算出区域径流量，EcoHAT 系统对蓝水、绿水的计算流程如图 4-1 所示。

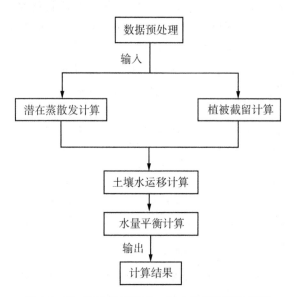

图 4-1　EcoHAT 系统蓝水、绿水计算流程示意图

根据图 4-1，对蓝水、绿水的计算流程实际上应划分为五个主要环节，具体如下：

1. 数据预处理

本阶段需要通过卫星获取相关的地理信息数据和气象水文数据，并通过 ArcGIS、Envi、MODIS 处理软件等将获取的数据处理成 EcoHAT 模型能够进行运算的数据格式，这些数据涵盖了全部的模型初始输入数据，具体包括：DEM、Longitude、Latitude、Albedo、Emis31/32、LST、Tair_instant、瞬时太阳辐射（Rs_instant）、日出时间（T_rise）、日落时间（T_set）、研究区范围（Boundary）、LAI、Landcover、precipitation、Soil_Type、Land_Type。

2. 蒸散发计算

依次包括以下步骤：

（1）太阳辐射计算；

（2）地表净辐射计算，具体分为以下计算内容：Albedo→LST→Emis31/Emis32→太阳时→每日瞬时气温→地表净辐射；

（3）地表潜在蒸散发计算，具体包括以下计算内容：LAI→植被盖度→潜在蒸散发→实际蒸散发。本阶段计算结果为逐日的地表实际蒸发量和植被蒸腾量。

3. 植被降水截留计算

通过对下载贵阳及附近各观测站降水量数据进行插值处理，得到研究区每日平均降水量数据，结合此前对植被盖度数据的计算结果，再输入降水截留模块得到逐日降水截留数据。

4. 土壤水分运移计算

首先，通过土地覆盖数据和土地利用数据计算根系深度，再结合世界土壤属性数据库（HWSD）和 SPAW 土壤分析计算软件生成土壤质地图数据，将野外调研确定的模拟土层厚度和土层数参数，一并输入模型计算出土壤初始含水量。

其次，将土壤初始含水量数据，连同之前计算的降水、LAI、根系深度、太阳时、土壤厚度及层数、土壤类型、土壤属性、研究区边界数据导入模型，计算得到各层逐日的土壤水含量和渗漏量。

5. 水量平衡计算

借助 EcoHAT 统计工具，汇总得到年度实际土壤蒸发量、植被蒸腾量、土壤水蓄变量和渗漏量；再根据水量平衡原理，结合降水量，计算得到径流量，最后将模型计算结果数据通过 GIS 软件和 Envi 软件转换成可视空间分布图层。

4.3.2 模型计算结果

通过 EcoHAT 系统模拟研究区植被蒸散发量，并结合水量平衡原理，计算得到初始年（2003 年）和现状年（2013 年）研究区蓝绿水各分量数值见表 4-16。

从表 4-16 可见，尽管初始年和现状年降水量相差达 40 mm，但两个年份蓝水、绿水组成的各分项值的计算结果之间基本没有太大的差异（初始年与现状年蓝水、绿水 EcoHAT 系统计算结果对比参见图 4-2）；此外，两个年份的绿水总量数值也极为接近，体现了研究区蓝绿水构成的相对稳定性，也在一定程度反映了 EcoHAT 系统计算结果的可信度。

模型计算结果显示，2003 年蓝水总量为 506.87 mm，绿水总量为 461.36 mm，蓝水与绿水占当年降水量的比例分别为 52.35%和 47.65%；2013 年蓝水总量为 463.38 mm，绿水总量

表 4-16　　　　　　　　　初始年和现状年研究区蓝水、绿水各分量模拟值

年份	V_c	P_{sum}	E_{ps}	E-plant	Inter	Soil-w	R_{off}	Infiltr	Green-w
2003	49.75	968.23	91.67	182.86	35.05	151.77	506.87	83.31	461.36
2013	60.93	922.06	82.67	204.23	40.04	131.73	463.38	70.24	458.68

注：表中 V_c 为植被盖度（单位:%），P_{sum} 为降水（单位：mm），E_{ps} 为土壤蒸发量（单位：mm），E-plant为植被蒸腾量（单位：mm），Inter 为植被截留量（单位：mm），Soil-w 为土壤水蓄变量（单位：mm），R_{off} 为径流量（单位：mm），Infiltr 为渗漏量（单位：mm），Green-w 为绿水量（单位：mm）。根据蓝水和绿水的概念，表中径流量 R_{off} 为研究区蓝水总量，渗漏量 Infiltr 为蓝水的组成部分；E_{ps}、E-plant、Inter、Soil-w 均为绿水组成部分，为方便比较，表中增加最后一列为绿水总量。

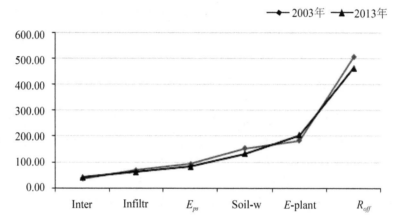

图 4-2　EcoHAT 系统计算的初始年和现状年蓝水、绿水各分量值（单位：mm）

为 458.68 mm，蓝水与绿水占当年降水量的比例分别为 50.25% 和 49.75%。可见，初始年和现状年的绿水模拟值占降水量的比例均不到 50%，远低于全球 65% 的平均水平；而且，2003 年和 2013 年的渗漏量占降水量的比例分别 8.60% 和 7.61%，表明在将难利用的渗漏蓝水转化为对陆生植物有用的生态绿水（蒸散发和土壤水蓄变量）方面，有很大可调控空间。为了更直观地对比研究区蓝水与绿水占降水量的份额，以及作为调控对象的渗漏量规模，结合贵阳市水资源公报发布的地下水量数据，将相关的数值单位换算为亿立方米，重新分列如表 4-17 所示，并将计算结果以饼状图的形式表示，如图 4-3 所示。

表 4-17　　　　　　初始年与现状年蓝水各分量值与绿水量比较　　　　　（单位：10^8 m³）

	地表径流	地下水量	渗漏量	未计入渗漏量的地下径流量	蓝　水	绿　水
2003 年	25.96	12.03	6.24	5.79	37.99	34.58
2013 年	23.56	11.17	5.26	5.91	34.73	34.38

注：表中地下水量值由《贵阳市水资源公报》发布的地下水数据，根据研究区占全市的面积折算而得。

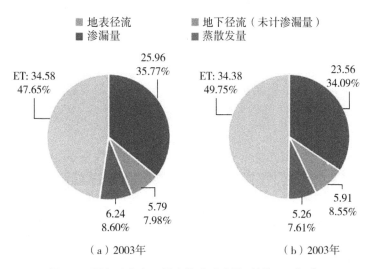

图 4-3 研究区蓝水、绿水构成示意图(单位:$10^8 \ m^3$)

图 4-3 比较直观地反映了 EcoHAT 系统水循环模型计算结果中蓝水与绿水的份额构成,尽管 2013 年绿水占降水的比例有所增加,但仍不到 50%。此外,通过模型计算的绿水占降水比例与 3.4.3 节根据水行政主管部门所发布数据计算的结果基本一致,都显示研究区绿水占降水比例远低于全球平均水平。

4.4 模型计算可信度分析

对模型计算可信度的分析拟从三个方面进行论证:一是模型输入数据的可靠性分析;二是模型的区域应用可靠性分析;三是模型计算结果的验证分析。

4.4.1 模型输入数据可靠性

模型计算的输入数据根据参与计算的环节,分为三大类,分别是气象数据、植被数据和土壤数据。其中,气象数据主要包括大气辐射数据和降水数据,植被数据主要包括叶面积指数(LAI)和植被盖度,以及与植被类型紧密相关的土地覆盖类型数据,土壤数据主要包括土壤质地数据和土壤厚度数据。

对于气象数据中的大气辐射数据和温度数据,主要下载自 MODIS 产品。鉴于 MODIS 产品数据经过多年的发展完善,质量和可靠性已有良好的保障;降水量数据下载自中国科学气象网,而中国科学气象网提供的降水数据来源于各气象站点的实地观测数据,因此可靠性较有保证。

植被盖度数据来自对 MODIS 产品的 LAI 数据的反演,土地覆盖类型数据来自对 MODIS 的 Landcover 数据的归并,再根据野外调研获取的观测数据进行验证。在涉及 7495 km² 范围共采集主观测样本点 22 个,对照观测样本点 87 个,其中主观测点土地覆盖类型变化样本 1 个、土地覆盖类型过渡样本 8 个。经野外调研观测点确认的研究区主要土地覆盖类型分布参见图 4-4，土地利用类型参见图 4-5。经野外观测确认，总共 109 个样本点中，林草地类型为 92 个，与 MODIS 数据的土地覆盖类型完全一致的样本点为 104 个，覆盖类型一致率为 95.4%，其中林草地类型完全一致，耕地完全变更为建筑用地的 1 例，耕地的一部分面积变更为建筑用地的 4 例。主观测样本点基本信息参见附录一。

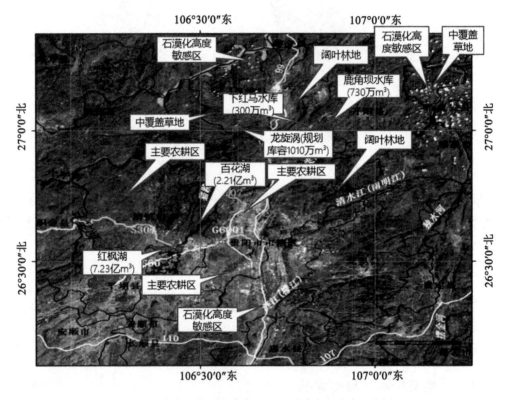

图 4-4　研究区主要考察点及土地覆盖类型分布示意图

通过对比图 4-4 和图 4-5 可见，由野外调研确认的主要观测点土地覆盖类型与土地利用专题图所分类的土地利用类型基本保持一致，因此，代入模型进行计算的土地覆盖类型和植被覆盖数据具有较好的可靠性。

土壤质地数据根据土地利用类型专题图数据（2010 年）和世界土壤属性数据库（HWSD）生成研究区土壤质地图，经野外调研确认，研究区土壤质地类型主要包含黏土、壤土、粉质壤土和重黏土，与土壤质地图涵盖范围基本一致。土壤厚度取值参考王玉娟等（2008）、杨胜天等（2009）和温志群等（2010）的研究成果，并结合野外调研确定平均厚度为 40 cm。

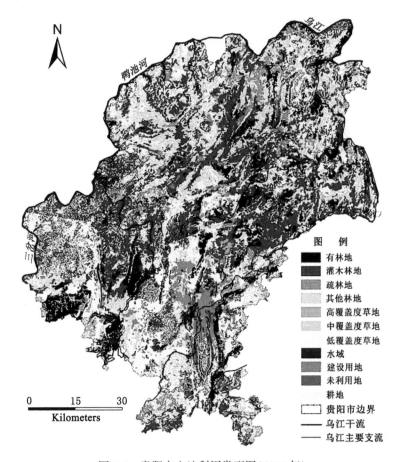

图 4-5　贵阳市土地利用类型图(2010 年)

4.4.2　模型区域应用的可靠性

EcoHAT 系统对土壤—植被—大气传输过程进行刻画的水循环模型经在贵州中部地区不同空间尺度的应用,通过对当地土壤水分等绿水存量的模拟计算,对模型在喀斯特石漠化地区应用于蓝水、绿水模拟的可行性进行了有益的探索。

通过 EcoHAT 系统在贵州省中部龙里喀斯特地区(流域尺度)不同土层深度土壤水分含量的模拟数值,结合之前的实验观测(王玉娟等,2008),经验证分析发现,在 0~15 cm 和 15~40cm 两个土壤深度区间,土壤水含量模拟值与实测值的置信度值分别为0.84 和0.83,这表明 EcoHAT 系统模拟连续土层深度的土壤水含量数值,具有较好的延续性和可靠性,其验证结果参见图4-6和图 4-7。

结合对贵州中部喀斯特地区(区域尺度)不同植被覆盖类型区域,在次降雨条件下土壤水含量的观测实验(温志群等,2010),采用 EcoHAT 系统对绿水储存量变化进行模拟后,通过不同植被类型土壤水分含量的模拟值与观测值进行对比分析,验证了采用EcoHAT 系统计算喀斯特石漠化地区绿水的良好可靠性,参见图 4-8。

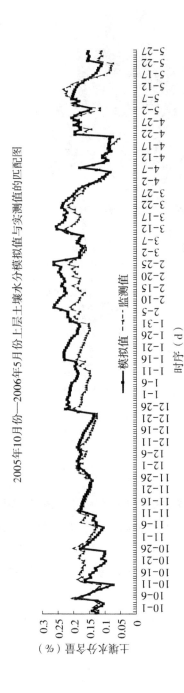

图4-6　土层深度为0~15cm区间的土壤水分含量模拟值与实测值对比

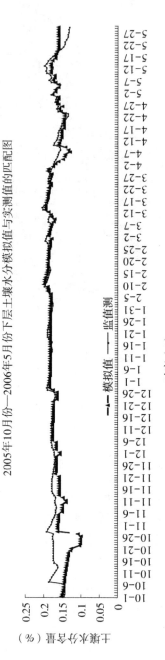

图4-7　土层深度为15~40 cm区间的土壤水分含量模拟值与实测值对比

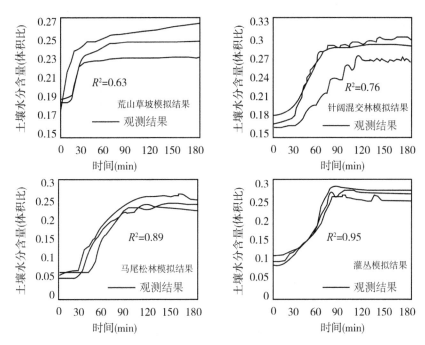

图 4-8　次降雨过程下不同植被类型的土壤水分含量模拟值与观测值

以上对模型计算数据的验证结果表明，EcoHAT 系统对喀斯特石漠化地区蓝水、绿水的模拟实验，具有良好的可靠性。

4.4.3　蓝水、绿水计算结果验证

对于模型各项计算结果数值的验证，除蓝水渗漏量的验证，由于缺少观测资料难以直接验证外，其余各值均可通过查阅相关文献资料获取验证值。因此，对渗漏量可采取间接验证方式，通过验证参与计算的各水文分量的值，再根据水量平衡原理，结合当地水行政主管部门发布的地下水数据分析，达到验证渗漏量计算精度的目的。

首先，径流量验证数据可通过贵阳市水行政主管部门发布《水资源公报》获得，植被降水截留量的验证值来源于张喜等（2007）在贵阳市开阳县的实地观测数据；蒸腾量、土壤蒸发量和饱和水含量的验证值根据张志才等（2009）在同为喀斯特地区且与贵阳相邻的普定县陈旗小流域利用 Perman-Monteith 方法计算的结果，土壤水蓄变量验证值根据温志群等（2010）在贵阳及周边地区计算的土壤水蓄变率获得。模型模拟值与验证值参见表4-18。

通过分析表 4-18 数值发现，径流深的模拟值和验证值之间相差较大，经查阅资料发现，验证值 417.9 mm 来自 2013 年《水资源公报》数据，而同年《贵阳市统计年鉴》显示，径流量数值为 $50.21×10^8$ m³，换算为径流深应为 624.9 mm，两者相差高达 200 mm。由于统计年鉴数值与水资源公报数值同样来源于水行政主管部门，估计这种差异应该产生

表 4-18　　　　　　　　　　　模型模拟值与验证值对照表　　　　　　　　（单位：mm）

数据类别	E_{ps}	$E\text{-plant}$	Inter	Soil-w	Satur-w	R_{off}
模拟值（2003）	91.67	182.86	35.05	151.77	68.46	506.87
模拟值（2013）	82.67	204.23	40.04	131.73	61.49	463.38
验 证 值	85.28	197.52	48.65	170.57	96.74	417.90

　　注：表中 E_{ps} 为土壤蒸发量，$E\text{-plant}$ 为植被蒸腾量，Inter 为植被截留量，Soil-w 为土壤水蓄变量，Satur-w 为土壤饱和含水量，R_{off} 为径流深。

于统计上报过程中，可归类为观测误差，并不能影响对模型计算结果的可信度评价。其次，土壤水蓄变量的验证值相比模拟值也显偏大，根据温志群等（2010）文中解释，主要是因为其获取数据的监测时段为 9 月至次年 3 月，该时段平均次降雨雨强较小，降雨历时相对长、气温低，植被蒸散发较弱，而且处于植被生长缓慢期，降水大多用于补给绿水储存部分，导致土壤含水量增长较快，因此土壤水蓄变量也较其他时段要高；而模拟值计算的是全年的平均数，自然偏低于验证值。另外，饱和含水量的验证值也偏高于模拟值，原因应该与验证值来自对小流域的观测，而模拟值由较大区域数值平均后得到有关。其他变量的模拟值和验证值之间的差异不是很明显，显示由 EcoHAT 模型计算的各水文分量值与验证值之间具有良好的相似度。模型模拟值与验证值的相似度参见图 4-9。

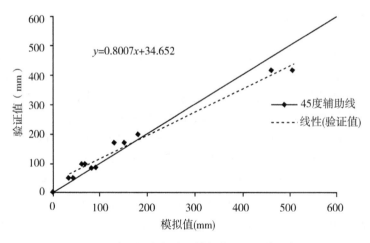

图 4-9　蓝水、绿水各分量模拟值与验证值相似度

　　图 4-9 中模拟值的分布均接近于 45 度线，显示由 EcoHAT 系统计算而得的蒸散发量及土壤水运移量与验证值之间具有良好相似度，根据水量平衡原理，渗漏量模拟值也应该具有良好的可信度。

按贵阳市各辖区分别统计的渗漏量模拟值与当地水行政主管部门发布的地下水资源量值之间也呈现出较一致的空间变化趋势，对比结果如表4-19和图4-10所示。

表4-19　　　　　　　贵阳市各辖区模拟渗漏量与地下水量对照　　　　（单位：10^6 m^3）

2013年值	市区	开阳	息烽	修文	清镇
渗漏量	168.84	136.03	79.70	57.96	83.33
地下水	367.50	318.10	169.70	159.80	181.80

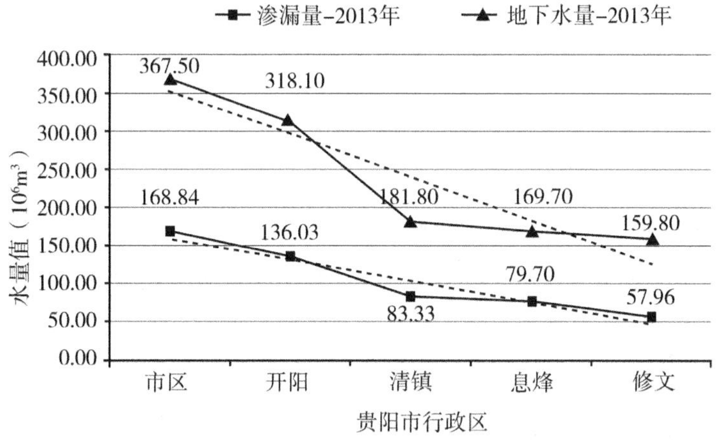

图4-10　贵阳市各辖区降水渗漏量模拟值与地下水量对比

由表4-19及图4-10可见，由EcoHAT系统计算得出的贵阳市各辖区渗漏量值与《水资源公报》所发布的地下水资源量值具有比较一致的数值走向。本书插页图4-11所示为模型模拟的现状年(2013年)各行政辖区渗漏量空间分布图，结合各行政辖区地下水资源量及渗漏量空间分布来看，两者在空间上具有相似的区域分布。综上所述，尽管在目前技术条件下，很难获得渗漏量的直接观测数据，基本可以认为由EcoHAT系统计算的研究区渗漏量值具有良好的可信度。

4.5　蓝水、绿水空间分布数字模拟及分析

表4-16基本上反映了不同植被盖度背景下，从2003年到2013年间，蓝水与绿水各组成分量在数值上的变化。根据之前对SPAC原理的分析可知，影响陆地表面能量交换和水分循环的三大要素分别为大气、植被和土壤，因此，如果要比较不同年份植被或土壤变化对当地蓝水、绿水的影响，前提是被比较的两个年份必须有着相似的气候背景。根据贵阳市统计局发布的2003年和2013年《贵阳市统计年鉴》，将贵阳地区相关的气候数据分列如表4-20所示。

表 4-20　　　　　　　　**2003 年和 2013 年贵阳市主要气象指标对照表**

年份	A_t	R_h	S_h	P_{sum}	Rain	Frost	Fog	Dew	Snow	Freeze
2003	14.9	80.0	915	933.7	95	9	25	121	7	15
2013	15.1	79.0	1230.7	937.2	211	9	31	124	13	15

注：表中 A_t 为平均气温(单位：°C)，R_h 为相对湿度(单位：%)，S_h 为日照时数(单位：h)，P_{sum} 为降水(单位：mm)，Rain 为雨天数(单位：d)，Frost 为霜期(单位：d)，Fog 为雾天数(单位：d)，Dew 为露天数(单位：d)，Snow 为雪天数(单位：d)，Freeze 为冰天数(单位：d)。

表 4-20 中数据反映了模型计算的初始年和现状年之间在气候背景上微小的差异，因此，理论上可以对两个年份在植被、土壤变化条件下的蓝水、绿水变化特征进行对比分析。

为便于对渗漏蓝水转化的分析，根据模型计算结果，分别制作初始年和现状年研究区渗漏量分布图，以及相应的植被盖度图和土壤质地图。本书插页图 4-12 显示，渗漏地带的空间分布与植被盖度(一定程度上反映出喀斯特地区的石漠化敏感程度)之间并无明显相关性，从侧面反映出植被退化并不是导致渗漏的根本原因。结合本书插页图 4-13 进一步发现，严重渗漏区域(渗漏量大于 180 mm)均位于土壤水传导率相对高的壤土区内，但壤土区并不都是渗漏严重的区域，表明渗漏是否严重应与土壤质地有密切关系，但也受到其他相关因素的影响。

考虑到岩溶地质结构的易渗性，除了 SPAC 水循环过程主要影响因子外，喀斯特地区复杂的石灰岩地质结构也可能对降水渗漏过程产生重要影响。由于 SPAC 理论以及 EcoHAT 系统对土壤—植被—大气连续体水循环过程的刻画均未考虑下垫面岩性的作用，本书未将渗漏原因分析作为关注的重点，而是代之以更面向解决实际应用问题的蓝水、绿水转化调控措施分析上。

图 4-12(a)、(b)反映出研究区 2003 年平均渗漏量略高于 2013 年，且 2003 年和 2013 年渗漏区空间分布保持一致。通过图表属性统计发现，整个渗漏区面积约为 3805 km²，占研究区面积的 50.77%；其中 2013 年渗漏量高于 180 mm 的严重渗漏区域面积为 885 km²，占渗漏区面积的 23.26%。

4.6　本章小结

对蓝水、绿水现状的掌握是分析喀斯特石漠化地区蓝水、绿水转化的基础，为此，本章在厘清 EcoHAT 系统输入输出数据来源、类型、格式，并分析模型关键参数确定的基础上，以 2003 年为模型计算的初始年、2013 年为现状年，对研究区蓝水、绿水分布进行了计算和数字模拟。而且，还分别对参与模型计算的主要数据类型进行了可靠性分析，对模型计算的蓝水与绿水各分量值进行了验证，结果显示模拟值和验证值之间具有良好的相似度。

此外，基于 SPAC 原理，在分析模型计算的初始年和现状年气候条件相似性的基础上，对计算结果进行了初步的分析，发现：

(1)研究区模型计算的初始年和现状年，绿水占降水的比例均远低于全球平均水平，且渗漏的难利用蓝水占据相当部分的降水比例；因此将渗漏蓝水转化为生态绿水具有较大比例的调控空间。

(2)初始年与现状年的渗漏空间分布区域基本一致，且蓝水、绿水各构成分量值变化不大，表明研究区蓝水、绿水构成及分布相对稳定。

(3)渗漏分布区域与植被盖度之间没有表现出明显的相关性，而渗漏严重区域均位于土壤区内，因此导致渗漏的原因应与土壤性质有关；此外，鉴于喀斯特地区石灰岩的易渗性特点，渗漏还应与当地特殊的岩溶地质结构有关。

(4)渗漏区域与地下水在空间分布趋势上的相似性，在一定程度上反映了模型计算结果具有良好的可信度。

第5章 蓝水、绿水转化的关键
影响因子作用

根据之前的分析，要实现将喀斯特石漠化地区渗漏的大量难利用蓝水转化为可供陆生植物生长利用的生态绿水资源，关键在于探索可行的转化方法。为此，需要分析识别蓝水、绿水转化的关键影响因子，进而有针对地确定转化调控方法。本章将在前一章对蓝水、绿水空间分布数字模拟和分析的基础上，基于 SPAC 原理，通过对关键影响因子的作用进行情景设置和数字实验，结合实验结果分析，提出将渗漏蓝水转化为生态绿水的可行方法。

5.1 SPAC 水循环过程关键影响因子识别

根据 SPAC 原理，陆地表面水分循环和能量交换过程的三大环节分别为大气降水、土壤和植被；喀斯特石漠化地区蓝水、绿水的转化将涉及对陆地表层水分循环的再分配。因此，如果要改变既有水资源分配格局，则必然要考虑对三大影响环节进行调节。

在水分循环过程的三大环节中，以目前技术条件而言，人类难以改变大气运动或降水过程；但却可以通过改变地表因素来对降水分配施加影响。例如，可以通过修建小型蓄水池或小水窖等投资较少、对地质条件要求不高的微小型降水截蓄水利工程，在降水入渗前进行拦截(Qin, et al., 2015)。对于植被蒸散发环节，可以通过改变植被盖度进行调节；对土壤水运移环节，可以通过改变土壤厚度实现对土壤水蓄变量的调节。

由于小型降水截蓄工程原理相对简单，按降水量计算截留量即可，对其所对应的降水因子影响不再赘述。本研究将分析的重点放在土壤因子和植被因子影响上，通过识别土壤和植被两大环节中，可能对水分循环过程产生主导作用的关键影响因子，分析其作用特性，进而提出相应的蓝水、绿水转化调控方法。为此，将 SPAC 水循环计算过程中涉及的主要土壤和植被因子汇总如表5-1所示。

表 5-1　　　　　参与 SPAC 水分循环计算的主要土壤和植被因子

序号	植被因子	模型代码	序号	土壤因子	模型代码
1	植被盖度	Cv	1	土壤厚度	Soil_sickness
2	叶面积指数	LAI	2	土壤质地	Soil_texture
3	根系深度	Rootdepth	3	土壤导水率	Ks
4	植被覆盖类型	Landcover	4	土地利用类型	Land_use
5	植被覆盖聚集度	Ω	5	土壤初始含水量	Soil_initial_moisture

基于 SPAC 原理开发的 EcoHAT 系统,对水分在土壤—植被—大气传输过程的模型刻画已经过多次实验不断完善,能够比较接近真实地模拟和反映水分传输与能量转换过程。因此,通过对 SPAC 水循环计算过程中影响水分传输的植被因子和土壤因子的模型机理进行分析,探索决定植被和土壤变化的主导因子,将有助于提出蓝水、绿水转化的具体措施。

5.1.1　植被因子

首先,表 5-1 所示参与水分循环计算的主要植被因子中,叶面积指数(LAI)通过 MODIS 产品反演获得,而植被盖度通过以下公式计算:

$$C_v = 1 - e^{-k \times LAI} \tag{5-1}$$

$$k = \Omega \times R \tag{5-2}$$

$$R = \frac{0.5}{\cos \theta_z} \tag{5-3}$$

式中,C_v 为植被盖度(%);k 为消光系数,与太阳光照条件有关;θ_z 为太阳天顶角(rad),根据位置计算;Ω 为植被覆盖类型聚集度指数,无量纲。

根据对 SPAC 能量与水分计算流程的分析(见图 2-1),植被盖度是影响降水截留量、潜在蒸散发和植被蒸腾量的重要因子,LAI 是估算土壤蒸发量和植被截留量的重要因子,但叶面积指数的改变实质上是植被盖度变化的结果。

根系深度作为计算土壤水运移的重要因子,其值也是通过由植被盖度所决定的叶面积指数估算而得,即

$$Rd_i = Rd_{max} \frac{LAI_i}{LAI_{max}} \tag{5-4}$$

式中,Rd_i 为第 i 时段的植物根系深度(单位:m);Rd_{max} 为最大根系深度(单位:m);LAI_i 为第 i 时段的叶面积指数;LAI_{max} 为最大叶面积指数(周旭,2015)。

另外,从第 2 章中对土地覆盖类型聚集度指数的描述可知,不同土地覆盖类型由土地覆盖类型聚集度指数进行度量,而从公式(5-2)的构成来看,土地覆盖类型聚集度指数 Ω 为植被盖度的一个计算因子。通过以上分析可知,所有度量植被环节水循环过程的因子都决定于植被盖度或与植被盖度紧密相关。因此,在对喀斯特石漠化地区陆地表层水分循环的植被环节进行分析时,可以认为,重点关注植被盖度的变化即可明晰植被诸因子对水循环的影响。

根据 SPAC 原理,通过增加植被,降水将更多地被植被截留和蒸腾消耗,原本流向蓝水径流的部分必然减少,将使更多的蓝水转化为可供陆生植物利用的生态绿水。

5.1.2　土壤因子

从表 5-1 可见,参与 SPAC 水分循环计算的土壤因子主要有 5 个,与植被因子的分析相似,要厘清这 5 个主要土壤因子对水循环的作用,仍需从 SPAC 土壤水运移计算机理入手。在 EcoHAT 系统中,用于刻画土壤—植被—大气传输过程的水循环模型对土壤水运移的计算,在忽略侧向径流的前提下,基于 Richard's 方程原理,通过一维垂向的数学模

型来实现，即

$$
\begin{cases}
C(h)\dfrac{\partial h}{\partial t} = \dfrac{\partial}{\partial z}\left[K(h)\dfrac{\partial h}{\partial z}\right] - \dfrac{\partial K(h)}{\partial z}, \\[2mm]
h(z,0) = h_0(z), \quad 0 \leqslant z \leqslant L_z \\[2mm]
\left[-K(h)\dfrac{\partial h}{\partial z} + K(h)\right]_{z=0} = \begin{cases} -E(t), & t > 0 \\ Q(t), & t > 0 \end{cases} \\[2mm]
h(L_z, t) = h_1(t)
\end{cases}
\tag{5-5}
$$

式中：h 为土壤水基质势（即土壤水负压水头，单位：cm）；$C(h)$ 为容水度（单位：cm^{-1}），$C(h) = -\mathrm{d}\theta/\mathrm{d}h$；$K(h)$ 为非饱和水力传导率（单位：cm/min）；$E(t)$ 为表土水分蒸发强度（单位：cm/min）；$Q(t)$ 为降雨入渗强度；Z 为空间坐标；t 为时间坐标；L_z 为模拟区域垂向总深度。

从公式（5-5）可知，影响土壤水运移计算的因子主要有土壤基质势 h 和土壤深度 z，而在土壤—植被—大气传输过程土壤环节的 5 个土壤因子中，与土壤基质势有关的包括土壤质地、土壤导水率和土地利用类型，与土壤深度有关的因子为土壤厚度，土壤初始含水量尽管为计算土壤水运移的输入因子，但本质上并不属于土壤属性范畴。

在实际操作中，土壤质地作为土壤的重要属性，随着土壤类型而改变，通过第 4 章中对研究区土壤质地分布的分析可知，研究区大范围的严重渗漏区均位于壤土区内，而要置换如此纵深的土壤类型，目前并不现实。因此，宜将对土壤因素改变的重点关注方向转向土壤深度。

从构成 SPAC 水分循环计算过程中影响土壤环节的因子来看，本质决定因子为土壤厚度，随着土壤厚度的增加，土壤含水量和土壤水蓄变能力都将不断增加。因此，对土壤环节的改变，可从土壤厚度的角度进行深入分析。根据绿水的概念，土壤水蓄变量属于绿水资源中的"绿水储存"范畴，用于提供蒸散发等生态绿水消耗的储备，土壤水蓄变量的增加一方面意味着绿水资源的增加，另一方面也意味着径流量和属于径流量一部分的渗漏蓝水量的减少。因此，在将渗漏的难利用蓝水转化为植被用生态绿水的模型模拟中，可将土壤厚度作为起主导作用的关键影响因子，尝试模拟增加土壤厚度。

5.2　植被因子作用分析

以上从 SPAC 水循环过程主要影响因子构成的角度，通过对植被因子和土壤因子的分析，明确了在陆面水循环三大环节中，将植被盖度和土壤厚度作为蓝水、绿水转化分析的重点。本节开始将针对不同植被盖度和土壤厚度情景下的蓝水、绿水数值变化和空间分布进行数字实验，探索将喀斯特石漠化地区渗漏的难利用蓝水转化为生态绿水的有效途径。

5.2.1　增加植被盖度对蓝水、绿水转化的影响

根据 SPAC 原理，在土壤条件不变的情况下，能够对陆面水循环产生影响的另外两大因素分别为大气降水和植被变化。在表 4-16 的模型计算结果中，2013 年渗漏量少于 2003 年，考虑到 2003 年和 2013 年的降水量和植被盖度值都发生了变化，不能确定导致 2013 年渗漏量减少是因为降水减少还是植被盖度增加的原因。而且在实际调控中，由于人力难

以改变降水过程。因此，假定降水量不变，对植被变化下的渗漏量变化进行情景模拟实验。根据下载的 MODIS 数据反演植被盖度发现，2003 年至 2013 年间，研究区植被盖度增长幅度接近 10%；为便于比较，在进行数字实验时，按植被盖度每增长 5% 作为一个时间间隔，由于 2007 年研究区植被盖度刚好在 2003 年的基础上增长约 5%，将 2007 年数据纳入模型计算。同时，为分析植被盖度小幅增长对渗漏量的影响，在 2013 年基础上，增加模拟植被盖度增长 1% 和 2% 对渗漏和蓝水、绿水各指标变化的影响，实验结果参见表5-2。

从表 5-2 中的数字实验结果可见：

表 5-2　　　　　　　植被盖度增长对渗漏量和蓝水、绿水各指标变化的影响

模拟情景	V_c （%）	P_{sum} （mm）	E_{ps} （mm）	E-plant （mm）	Inter （mm）	Soil-w （mm）	R_{off} （mm）	Infiltr （mm）	Green-w （mm）
2003 年	49.75	968.23	91.67	182.86	35.05	151.7730	506.87	83.3116	416.09
2007 年	55.93	968.23	87.56	204.08	37.83	149.8836	488.87	82.3238	439.80
2013 年	60.93	968.23	82.23	224.57	42.97	149.8378	468.62	82.2953	463.91
v_c+1%	61.91	968.23	81.57	228.64	43.70	149.8375	464.48	82.2950	468.79
v_c+2%	62.91	968.23	80.76	232.87	44.46	149.8366	460.29	82.2945	473.74
v_c+5%	65.93	968.23	78.24	246.11	46.89	149.8354	447.16	82.2934	489.20
v_c+10%	70.93	968.23	73.61	269.80	51.40	149.8320	423.58	82.2919	516.59

注：v_c 为植被盖度，P_{sum} 为降水，E_{ps} 为土壤蒸发量，E-plant 为植被蒸腾量，Inter 为植被截留量，Soil-w 为土壤水蓄变量，R_{off} 为径流深，Infiltr 为渗漏量，Green-w 为绿水量。

（1）植被盖度增长与绿水量增加之间呈明显的正相关关系，且趋于线性相关（参见图5-1），表明增加植被盖度，对绿水增长具有很好的贡献；

（2）植被盖度增长与蓝水量（径流深）变化呈现明显的负相关关系，且趋于线性相关（参见图 5-2），表明部分原本进入径流环节的降水被转化到植被蒸散等绿水消耗环节；

（3）随着植被盖度的增长，土壤蒸发量呈不断下降趋势，两者之间变化呈负相关关系，当植被盖度从 49.75% 增加到 70.95% 时，土壤蒸发量总共下降了 19.70%（参见图5-3）；

（4）随着植被盖度的增长，植被截留呈明显上升趋势，两者之间变化呈正相关关系，当植被盖度从 49.75% 增加到 70.95% 时，植被截留量总共增加了 46.07%（参见图5-4）；

（5）随着植被盖度的增长，植被蒸腾量呈逐渐上升趋势，两者之间变化表现为显著线性正相关关系，当植被盖度从 49.75% 增加到 70.95% 时，植被蒸腾量总共上升了 47.54%，与植被截留量增加的幅度相接近（参见图5-5）；

（6）随着植被盖度的增长，土壤水蓄变量和渗漏量呈不断下降趋势，且两者变化趋势一致，当植被盖度达到 56% 左右后，下降幅度渐趋微弱，表明此后植被盖度增长对土壤

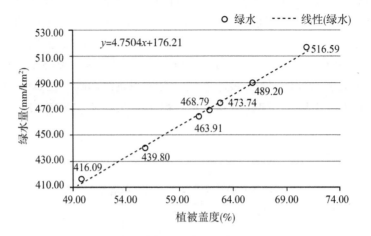

图 5-1　植被盖度增长与绿水量增长关系示意图

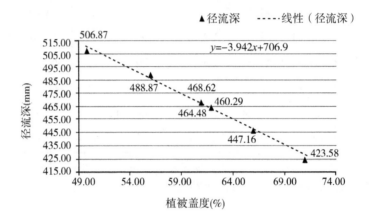

图 5-2　植被盖度增长与蓝水量变化关系示意图

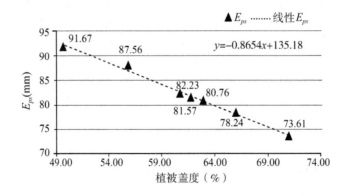

图 5-3　植被盖度增长与 E_{ps} 变化关系示意图

水运动影响不显著(参见图 5-6 和图 5-7)。

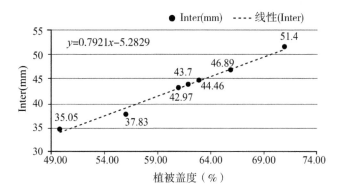

图 5-4　植被盖度增长与 Inter 变化关系示意图

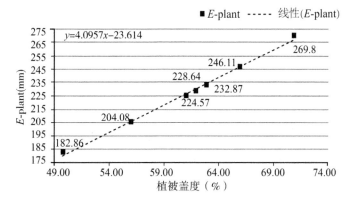

图 5-5　植被盖度增长与 E-plant 变化关系示意图

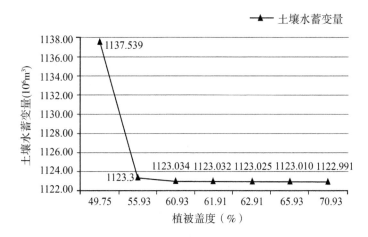

图 5-6　植被盖度增长与土壤水蓄变量变化关系

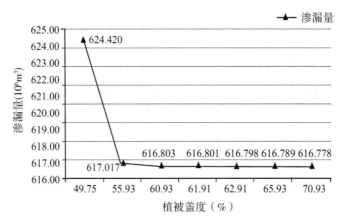

图 5-7 植被盖度增长与渗漏量变化关系示意图

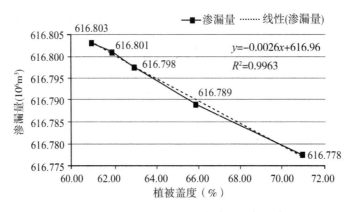

图 5-8 植被盖度达到 60% 后与渗漏量变化关系

根据以上分析，在降水量不变的情况下，随着植被盖度的增加，绿水占降水的比例显著增长，其中绿水消耗的部分呈快速增长的特点；而当植被盖度达到 56% 以后，作为绿水储存的土壤水蓄变量，在数量上呈微弱下降趋势，土壤水蓄变量的减幅趋弱，反映出植被盖度增长产生的截留和蒸腾作用对土壤水运移量的消减并不总是线性递减的。

5.2.2 增加植被盖度作用的尺度效应分析

植被盖度增长与绿水总量及渗漏量变化之间所表现出来的相关关系，对于研究喀斯特石漠化地区蓝水、绿水转化调控具有十分重要的意义，关系到增加植被盖度这一主要调控手段的适用对象和范围。表 5-2 中的数值计算结果，来源于对研究区 7495 km² 范围遥感数据的计算和模拟，由于遥感数据和模型自身具有的尺度效应，致使不同尺度的地面过程可能会表现出不同的特征（Goodchild and Quattrochi，1997）。因此，上节中所反映出来的变化关系，是否适用于面积稍小的空间尺度（例如区县级面积大小）乃至更小的小流域，需要更深入的实验和分析；即只有当上述相关关系同时适用于研究区—区县单元—小流域三个不同等级面积的空间尺度时，才可推定基于该相关关系，进一步分析植被因素对蓝水、绿水转化作用的可行性。为便于计算和分析，将研究区按各区县行政边界提取区县级计算单元(各计算单元面积在 1000~2000 km² 之间)，并提取适宜的小流域(面积在 100 km² 以内)作为更小一级空间尺度的计算单元，通过模型计算，进一步分析植被盖度增加与绿水及渗漏量变化之间关系在不同空间尺度的适用性。将位于城区辖区的非城镇区域，合并为"近郊"单元参与计算；所提取的贵阳市各区县级计算单元及小流域面积参见表 5-3，各区县单元及小流域位置参见图 5-9。

表 5-3 研究区提取的各区县级计算单元和小流域面积

计算单元	开阳	息烽	修文	清镇	近郊	适宜小流域
面积(km²)	1998	1009	1094	1482	1912	90

注：为使计算结果具有一定代表性，小流域应包含渗漏量在 180 mm 以上的严重渗漏区域、渗漏量在 180 mm 以下的普通渗漏区域，以及未发生渗漏的区域三种典型渗漏类型，其植被盖度也应涵盖高、中、低三个等级。

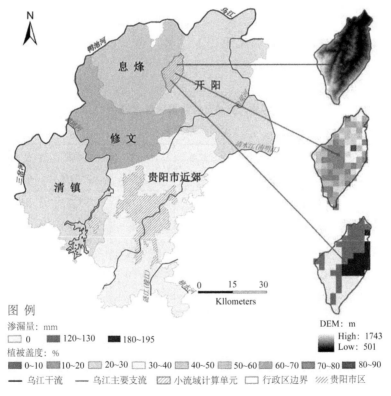

图 5-9 参与不同空间尺度计算的各区县及小流域单元

图 5-9 中用于描述小流域单元的植被盖度和渗漏量值，取自 2013 年数据；从表 5-4 可见，该小流域植被盖度包括了从 20%~90% 的大部分盖度级别，表 5-5 还反映出该小流域涵盖了研究区三种渗漏类别，且各类别之间面积构成比例悬殊不大，因此具有典型代表性。

表 5-4　　　　　　　　参与计算小流域植被盖度等级构成

植被盖度(%)	20~30	30~40	40~50	50~60	60~70	70~80	80~90
2003 年面积（km²）	3	19	13	38	15	2	—
2013 年面积（km²）	2	10	12	16	21	28	1

表 5-5　　　　　　　　参与计算小流域渗漏类别构成

渗漏量(mm)	0	0~180	>180
2003 年面积(km²)	35	36	19
2013 年面积(km²)	35	36	19

根据 EcoHAT 系统数字实验的结果，汇总各区县计算单元的绿水量值，如表 5-6 所示。

表 5-6　　　　　　　各区县计算单元绿水量随植被盖度
变化实验结果　　　　　　　　（单位：mm）

植被盖度		2003 年 49.75%	2007 年 55.93%	2013 年 60.93%	V_c+1% 61.91%	V_c+2% 62.91%	V_c+5% 65.93%	V_c+10% 70.95%
绿水量	开阳	496.80	509.11	528.34	532.79	537.27	551.22	575.55
	息烽	476.00	508.09	524.19	528.49	532.85	546.48	570.88
	修文	415.43	435.33	454.90	458.96	463.09	476.08	499.73
	清镇	391.32	416.07	441.77	445.70	449.71	462.31	495.58
	近郊	493.89	508.16	527.93	531.88	535.86	548.41	570.99

根据表 5-6 中的实验结果数据，制作各区县级计算单元绿水量随植被盖度增长的变化趋势图，如图 5-10 所示。

图 5-10 反映出，在区县级单元的空间尺度，用 EcoHAT 系统计算得出的绿水量随植被盖度增长的变化趋势与以整个研究区为对象的计算结果完全保持一致，即随着植被盖度的不断增长，绿水总量也不断增长，且两者之间呈线性正相关关系。

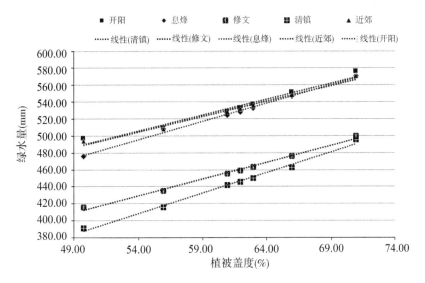

图 5-10　各区县级计算单元绿水量随植被盖度增长变化趋势图

再根据 EcoHAT 系统数字实验的结果，汇总各区县级计算单元的渗漏量值，如表 5-7 所示。由于以 mm 为单位计算的一部分单位面积(对应栅格为每平方公里)的数值，到小数点后 3~4 位才显示出差别，为便于比较，在汇总时将统计对象由每平方公里换算为参与计算的各区县单元，并采用 10^6 m^3 为计算单位。

表 5-7　　　　　各区县级计算单元渗漏量随植被盖度
变化实验结果　　　　　　　　　(单位：10^6 m^3)

植被盖度		2003 年 49.75%	2007 年 55.93%	2013 年 60.93%	V_c+1% 61.91%	V_c+2% 62.91%	V_c+5% 65.93%	V_c+10% 70.95%
渗漏量	开阳	160.8788	159.048	158.9372	158.928	158.9332	158.9273	158.9171
	息烽	96.0546	94.9255	94.9080	94.9082	94.9080	94.9079	94.9081
	修文	68.0659	67.2452	67.2270	67.2270	67.2268	67.2264	67.2278
	清镇	97.3665	96.1953	96.1677	96.1670	96.1663	96.1635	96.1599
	近郊	201.3178	198.875	198.8360	198.835	198.8358	198.8354	198.8347

根据表 5-7 中的计算结果数据，制作各行政区渗漏量随植被盖度增长的变化趋势图，如图 5-11~图 5-15 所示。

通过图 5-11~图 5-15 可见，各区县单元渗漏量随植被盖度变化的趋势总体上与整个研究区的模拟结果保持一致，表 5-7 中共出现 4 个异常值(与变化趋势不一致，以下画线标出)，应该是由模型计算的尺度效应所导致。考虑到导入模型计算的 MODIS 产品数据的

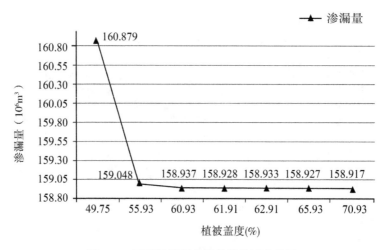

图 5-11　开阳县渗漏量随植被盖度变化图

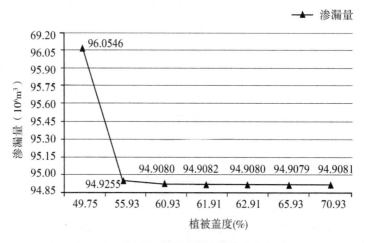

图 5-12　息烽县渗漏量随植被盖度变化图

低空间分辨率(1km)，在应用到较小空间尺度时所代表的单位像元相对变大，必然影响计算结果的可靠性，从而导致模型计算的尺度效应。从计算结果来看，由于产生的异常值所占比例较小(不到12%)，且均为发生在小数点后第 3 位或第 4 位的微小波动，因此可以认为，在区县级空间尺度，绿水量和渗漏量随植被盖度的变化趋势与整个研究区的计算结果保持一致。

　　为了支撑对植被盖度变化调控的分析，还需要进一步论证绿水量和渗漏量随植被盖度在更小一级空间尺度，即小流域尺度的变化趋势。为此，按所提取包含了几类渗漏值域区间的适宜小流域，基于 EcoHAT 系统模拟计算。汇总其绿水量和渗漏量随植被盖度变化值，如表 5-8 所示。

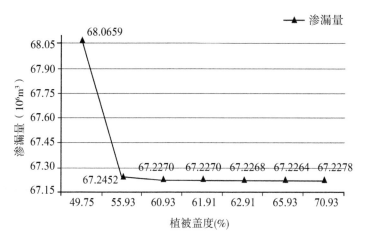

图 5-13 修文县渗漏量随植被盖度变化图

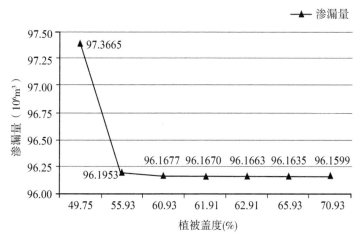

图 5-14 清镇市渗漏量随植被盖度变化图

表 5-8 小流域单元绿水量和渗漏量随植被
盖度变化实验结果 （单位：10^6 m^3）

植被盖度	2003 年（49.75%）	2007 年（55.93%）	2013 年（60.93%）	V_c+1%（61.91%）	V_c+2%（62.91%）	V_c+5%（65.93%）	V_c+10%（70.95%）
绿水量	47.6752	48.7715	51.3995	51.8485	52.2150	53.4957	55.7322
渗漏量	9.51814	9.40207	9.39540	9.39508	9.39474	9.39471	9.39473

根据表 5-8 中的计算结果数据，分别制作小流域计算单元绿水量和渗漏量随植被盖度增长的变化趋势图，如图 5-16 和图 5-17 所示。

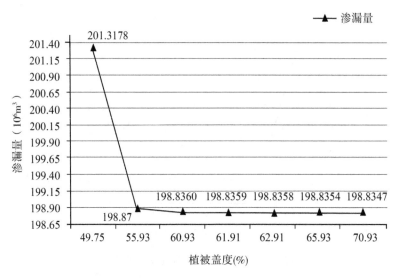

图 5-15　贵阳市近郊渗漏量随植被盖度变化图

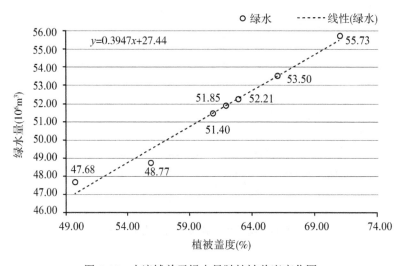

图 5-16　小流域单元绿水量随植被盖度变化图

　　通过图 5-16 和图 5-17 可见，在小流域级空间尺度，绿水量和渗漏量随植被盖度变化的趋势总体上与整个研究区保持一致，表 5-8 中出现 1 个异常值（与变化趋势不一致，以下画线标出），但为发生在小数点后第 5 位的微小波动，应该是由模型计算的尺度效应所导致。故可认为在小流域级尺度，绿水量和渗漏量随植被盖度的变化趋势与整个研究区保持一致。

　　对绿水总量的计算，由于汇总了各绿水分量的实验结果数据，其计算结果具有很好的代表性，经 EcoHAT 系统水循环模型计算，各蓝绿水分量与植被盖度增长之间的相关关系，与在整个研究区的变化趋势基本一致。鉴于本研究对植被盖度变化的分析主要目的在

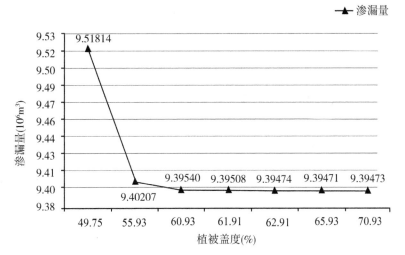

图 5-17 小流域单元渗漏量随植被盖度变化图

于探索绿水总量和渗漏量与植被盖度增长之间的关系，在此仅归纳绿水总量和渗漏量的变化。

综上所述，无论在整个研究区近 8000 km² 的区域尺度，还是 1000～2000 km² 的区县级行政区尺度，以及 100 km² 以内的小流域尺度，绿水量和渗漏量随着植被盖度的增长均保持了基本一致的变化趋势。因此，EcoHAT 系统对植被盖度与渗漏量及绿水总量变化关系的数字模拟结果，及其呈现的变化趋势适用于对研究区不同空间尺度分析和计算。

5.2.3 渗漏量变化对增加植被盖度的响应

通过图 5-7 发现，当植被盖度超过 56% 以后，植被增长对减少渗漏的贡献大幅减小，上节的数字实验表明，EcoHAT 系统水循环模型适用于对研究区不同空间尺度植被对蓝水、绿水变化的影响模拟与分析。为探索植被增长对减少渗漏量的作用，有必要结合模型计算结果，展开进一步的深入分析。

从渗漏量变化对增加植被的响应关系来看，通过对表 5-2 的分析发现：

(1)在降水保持不变的前提下，随着植被盖度的增加，研究区渗漏量呈不断减少的趋势，尽管在减少的绝对值上与绿水总量的增长相差悬殊，但仍表明植被增长能够导致渗漏量在一定程度上的减少；

(2)从变化的区间上看，当植被盖度由 50% 左右增加到 56% 左右时，渗漏量减少的幅度最大(1.19%)，约为 1 mm/km²；

(3)当植被盖度超过 56% 以后，随着植被盖度的增加，渗漏量减少的趋势急遽变缓(植被盖度每增加 1% 对渗漏量减少的贡献平均不到 1/1000)；渗漏量随植被盖度增加的变化情况参见图 5-6(为方便比较，将渗漏量单位改用 10⁶ m³ 表示)。

(4)当植被盖度增长到 2013 年的 60.93% 后，尽管渗漏量减少的幅度很小，植被盖度增长和渗漏量减少之间仍呈良好的线性负相关关系(参见图 5-8)。

(5)从变化的绝对数值来看,植被增加对渗漏量减少的贡献远低于对蒸散发等绿水消耗量增加的贡献。

(6)当植被盖度由 50%增长到 56%时,渗漏量减少幅度为 1.186%,植被盖度由 56%增长到 61%时,渗漏量减幅为 0.035%,植被盖度由 61%增长到 66%时,渗漏量减幅为 0.023%,植被盖度由 66%增长到 71%时,渗漏量减幅为 0.019%,表明植被盖度由 50%增长至 56%时,渗漏量减幅较大,此后渗漏量减幅明显下降,且下降幅度越来越小(参见表 5-9)。

表 5-9 不同植被盖度增长区间对渗漏量减少幅度的贡献

植被盖度变化(%)	50~56	56~61	61~66	66~71
渗漏量减少幅度(%)	1.186	0.035	0.023	0.019

(7)通过对植被盖度增加与渗漏量减少幅度变化的分析发现,当植被盖度由 50%增加到 56%以后,渗漏量减少的幅度急遽变小,植被盖度增长与渗漏量变化之间呈明显负相关的幂指数关系,且植被盖度接近 56%时,渗漏量减少的拐点作用表现明显(参见图 5-18)。表明降水不变时,植被盖度增加对减少渗漏的作用可能存在一个阈值,植被盖度增加越接近这一阈值,渗漏量减少幅度变得越小,因此需要借助其他更有效的途径来减少渗漏量。

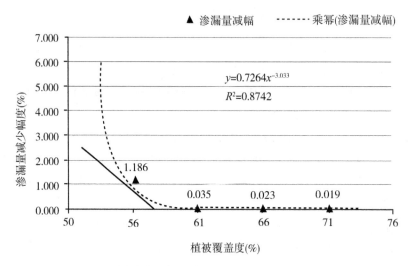

图 5-18 植被盖度增加与渗漏量减少幅度变化关系示意图

(8)植被盖度增加对渗漏量减少的贡献瓶颈现象也反映出,尽管植被盖度的变化能在一定程度上影响石漠化地区降水渗漏量,但并不是导致渗漏产生的根本原因。

综合 5.2.1 节和 5.2.3 节的分析，增加植被盖度能在一定程度上减少渗漏量；但鉴于 2013 年研究区平均植被盖度已超过 60%，因此从整个研究区减少渗漏的角度，还需要通过数字实验探索适合于当地情况的更好效果的减渗途径，根据之前对 SPAC 原理的分析，结合实地考察，除植被和降水而外，土壤层厚度是影响渗漏量的另一关键因子。

5.3　土壤因子作用分析

5.3.1　增厚土层对蓝水、绿水转化的影响

为了探索土壤厚度变化对研究区蓝水、绿水的影响，根据 SPAC 原理，假定降水等气候条件和植被盖度不变，选取便于 EcoHAT 系统对土壤厚度进行分层计算实验与分析的土壤层厚度数值，在原有 40 cm 土层厚度基础上，分别增加 10 cm 和 20 cm，对蓝水、绿水变化情况进行情景模拟实验，经计算得到各主要指标值如表 5-10 所示。

表 5-10　　　　　　增厚土层对减少渗漏作用的数字实验结果

主要因子	2013 年土层厚度	增厚 10cm 土层厚度计算结果	增厚 10cm 土层计算结果与 2013 年原值比较	增厚 20cm 土层厚度计算结果	增厚 20cm 土层计算结果与 2013 年原值比较
V_c	60.93	60.93	0	60.93	0
P_{sum}	968.23	968.23	0	968.23	0
E_{ps}	81.79	89.20	7.41	96.50	14.71
E-plant	206.80	206.80	0	206.80	0
Inter	42.97	42.97	0	42.97	0
Soil-w	149.81	195.62	45.81	249.92	100.11
R_{off}	486.87	433.64	−53.22	372.05	−114.82
Infiltr	82.29	36.48	−45.81	17.82	−64.47
Green-w	481.36	534.58	53.22	596.18	114.82

注：V_c 为植被盖度(单位:%)，P_{sum} 为降水(单位：mm)，E_{ps} 为土壤蒸发量(单位：mm)，E-plant 为植被蒸腾量(单位：mm)，Inter 为植被截留量(单位：mm)，Soil-w 为土壤水蓄变量(单位：mm)，R_{off} 为径流量(单位：mm)，Infiltr 为渗漏量(单位：mm)，Green-w 为绿水总量(单位：mm)。

通过对比模型实验结果发现：

(1)随着土层的增厚，土壤蒸发量不断升高，土层增厚 20 cm 所增加的土壤蒸发量几乎相当于土层增厚 10 cm 导致增加的蒸发量的 2 倍，表明土壤增加的厚度与所增加的蒸发量的增量之间呈较好的正相关关系。

(2)随着土层的增厚，土壤水蓄变量呈快速增长趋势，当土壤增厚 10 cm 和增厚 20 cm

时，土壤水蓄变量分别增加了 30.30%（45.81 mm）和 66.82%（100.11 mm），表明增厚土层对绿水储存量的增长贡献效果相当明显。

（3）通过对表 5-10 中相关数值的计算发现，当土壤增厚 10 cm 时，土壤水蓄变量所增加的 45.81 mm 水量刚好与渗漏减少的量相等，从水量平衡的角度来看，表明增厚土层所减少的渗漏蓝水已全部转化为绿水储存量，以备用于蒸散发的消耗，此时径流量所减少的 53.22 mm 水量中，45.81 mm 来自渗漏量的减少，而另外 7.41 mm 用于土壤水蒸发，所减少的蓝水总量全部转化为绿水。

（4）当土壤增厚 20 cm 后，导致减少的 114.82 mm 径流总量中，有 100.11 mm 转化为土壤水蓄变量，另外 14.71 mm 转化为土壤水蒸发，此时土壤水蓄变量所增加的 100.11 mm 水量已经远远大于 64.47 mm 的渗漏减少量，土壤水蓄变量所增加的水量除一部分来自渗漏减少的量外，剩余部分应来自地表径流量的减少。

（5）从土壤水蓄变量的模拟结果来看，在土壤增厚 20 cm 后，除所有渗漏减少量全部转化为绿水储存外，还有一部分径流也被转化为绿水储存的一部分，一方面表明减少的渗漏蓝水全部被转化为生态用绿水；另一方面也表明，当土壤增厚到一定程度后，除了会将渗漏蓝水转化为绿水外，由于土壤变厚所导致的蓄变能力增强，更将一部分原本应流入河湖中的蓝水也转化为绿水，而这种转化已经超过了转化渗漏蓝水的预期，其对于植被生长可能有利，但也有可能造成河湖生态的不利影响。

（6）从数字实验结果来看，单纯土壤厚度的增加未对植被截留量和植被蒸腾量产生任何影响，这也比较符合实际情况。

（7）随着土层的增厚，渗漏量不断大幅减少，土壤增厚 10 cm 后，渗漏量减少了 55.67%；当土壤增厚 20 cm 后，渗漏减少幅度高达 78.35%，减渗效果参见图 4-11（c）。

（8）当土层增厚 10 cm 时，包括渗漏量减少量在内，总计有 53.22 mm 的蓝水径流量转化为绿水，占 2013 年模拟径流量的 10.93%；当土层增厚 20 cm 后，包括渗漏量减少量在内，总计有 114.82 mm 径流量转化为绿水，占 2013 年模拟径流量的 23.58%，土层增厚所导致的渗漏减少量全部转化为绿水，绿水转化效果非常显著。

（9）当土壤在原有基础上增厚 10 cm 时，平均每平方公里渗漏量减少了 45.81 mm，减少幅度为 55.67%，再增加 10 cm 土层厚度后，平均每平方公里渗漏量再减少 18.66 mm，减少幅度降为 22.27%，表明土壤厚度增加 10 cm 时，渗漏量减少的幅度最大，随着土壤厚度的增加，对减少渗漏的贡献逐渐减弱。

（10）当土壤在原有基础上增厚 20 cm 后，导致除渗漏蓝水外，高达 50.35 mm 的地表径流量减少（114.82~64.47）。尽管根据 Tennant（1976）的研究，径流量减少在 40% 以内，不会对水生生态系统产生明显不利影响，但鉴于土壤增厚 20 cm 后，总径流量减少幅度已高达 23.58%，若进一步增厚土层，将可能会对水生生态系统及其他水资源利用产生不利影响；而且此时，绿水占降水的份额已达 61.57%，接近全球 65% 的平均水平，因此，在对生态影响进行评估之前，暂不建议再增厚土层。

（11）从水量平衡的角度来看，当土层增厚 10 cm 后，平均每平方公里径流量减少了

53.22 mm，导致地表土壤蒸发量 E_{ps} 增加了 7.41 mm；土壤水蓄变量增加了 45.81 mm，植被的蒸腾和截留量保持不变，E_{ps} 和土壤水蓄变量增加的部分与径流减少的差额刚好相等，即：45.81+7.41＝486.87－433.64＝53.22（mm），另外，当土层增厚 20 cm 后，平均每平方公里径流量减少了 114.8 2mm，导致地表土壤蒸发量 E_{ps} 增加了 14.71 mm；土壤水蓄变量增加了 100.11 mm；植被的蒸腾和截留量保持不变；E_{ps} 和土壤水蓄变量增加的部分与径流减少的差额刚好相等，即：100.11+14.71＝486.87－372.05＝114.82 mm，水量总体保持平衡，表明模型模拟结果相对可信。

　　不同土壤厚度情景下，蓝水、绿水各主要构成分量变化情况参见图 5-19。

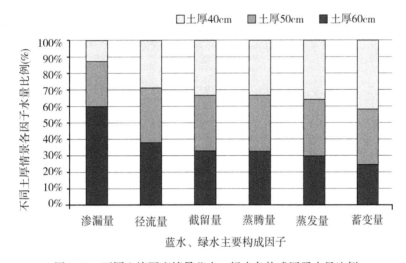

图 5-19　不同土壤厚度情景蓝水、绿水各构成因子水量比例

　　从图 5-19 可以看出，随着土壤模拟实验的厚度由 40 cm 增加到 60 cm，渗漏量减少幅度最大，径流量逐渐减少，植被截留量和蒸腾量保持不变，而土壤蒸发量和土壤水蓄变量逐渐增加，其中土壤水蓄变量增长的幅度最大。

　　以上关于增加土壤厚度对渗漏量变化的作用特点，经过实验后发现，同样适用于对区县级计算单元和小流域单元空间尺度，相关的实验与分析，参见第 6 章相关内容。

　　综上所述，就通过 EcoHAT 系统进行数字实验的结果来看，增厚土壤对于将渗漏的难利用蓝水转化为对陆生植被生长有益的生态绿水而言，具有较好的效果，渗漏蓝水转化的主要对象依次为土壤水蓄变量和土壤蒸发量。

5.3.2　蓝水、绿水转化对增厚土层的响应

　　通过 EcoHAT 系统数字实验发现，随着土层增厚，渗漏量不断减少，鉴于增厚土层对将渗漏蓝水转化为生态绿水具有的良好效果，有必要深入探索增加土层厚度对蓝水、绿水转化的响应机制。为此，在上一节数字实验的基础上，分别增厚土层 5 cm 和 15 cm 进行模拟实验，用以分析土壤每递增 5 cm 对蓝水、绿水转化和渗漏的作用。参照之前实验情

景，不改变降水条件和植被盖度，数字实验结果参见表 5-11。

表 5-11 增厚土层对渗漏量减少的数字实验结果

主要因子	2013 年土层厚度	增厚 5cm 土层计算结果	增厚 10cm 土层计算结果	增厚 15cm 土层计算结果	增厚 20cm 土层计算结果
V_c	60.93	60.93	60.93	60.93	60.93
P_{sum}	968.23	968.23	968.23	968.23	968.23
E_{ps}	81.79	85.45	89.20	92.91	96.50
E-plant	206.80	206.80	206.80	206.80	206.80
Inter	42.97	42.97	42.97	42.97	42.97
Soil-w	149.81	172.99	195.62	222.63	249.92
R_{off}	486.87	460.03	433.64	402.92	372.05
Infiltr	82.29	59.11	36.48	22.33	17.82
Green-w	481.36	508.20	534.58	565.31	596.18

通过表 5-11 的数字实验结果发现，随着土壤厚度的递增，以绿水消耗形式赋存的土壤蒸发量（E_{ps}）和以绿水储存形式构成绿水重要增长部分的土壤水蓄变量（Soil-w）均不断增长，土壤蒸发量及土壤水蓄变量与土壤厚度变化之间呈明显的线性正相关关系（参见图 5-20 和图 5-21）。

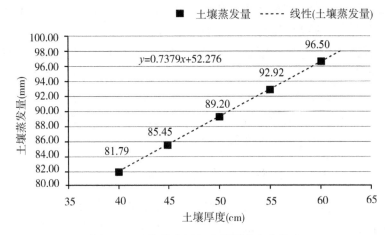

图 5-20　土壤蒸发量与土壤厚度变化关系

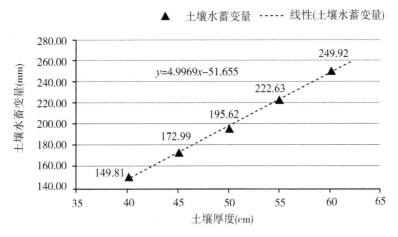

图 5-21 土壤水蓄变量与土壤厚度变化关系

作为绿水两大主要构成部分的绿水消耗和绿水储存均与土壤厚度增长呈线性正相关关系，绿水总量与土壤厚度增长理论上也应呈线性正相关关系，而图 5-22 也表明，绿水总量与土壤厚度变化呈明显的线性正相关关系。

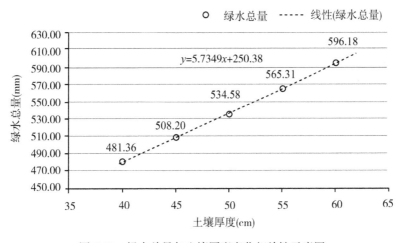

图 5-22 绿水总量与土壤厚度变化相关性示意图

随着土壤厚度不断递增，作为蓝水总量的径流量呈不断减少趋势，通过上一节分析可知，减少的径流量由于一部分转化为土壤水蓄变量，而土壤水蓄变量与土壤厚度变化呈线性正相关关系。因此，理论上其变化与土壤厚度之间应呈线性负相关关系，如图 5-23 所示。此外，通过表 5-11 对比发现，渗漏量与土壤厚度变化呈较显著的负指数相关关系，同时两者之间变化也呈稍弱的线性负相关关系（参见图 5-24），原因应与作为渗漏蓝水转化对象的土壤水蓄变量同时受到蓄变能力增强和径流量减少双重影响有关。

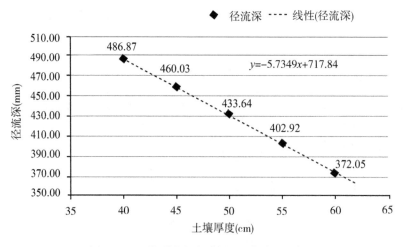

图 5-23　土壤厚度与径流深(蓝水总量)关系

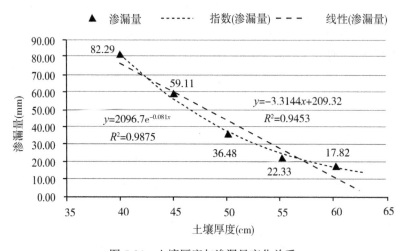

图 5-24　土壤厚度与渗漏量变化关系

5.4　植被因子和土壤因子作用比较

5.2 节和 5.3 节通过 EcoHAT 系统模拟的情景设置，分别基于增加植被盖度和增加土壤厚度对蓝水转化为绿水的效果进行了数字实验，结果显示，以上两种方法均对将蓝水转化为绿水具有很好的贡献。但对于研究区蓝水、绿水转化而言，哪一种方法更适宜，还需要结合两种方法进行更深入的比较和分析。

5.4.1　增加植被盖度和增厚土层对蓝水、绿水转化效果比较

通过表 5-2 及图 5-1 可见，根据 EcoHAT 系统数字实验的结果，随着植被盖度从 2003 年的 49.75%增长到 70.93%，研究区绿水总量也从 416.09 mm 增加到 516.59 mm，增加量为 100.50 mm，增长幅度达 24.15%；如果从现状年 2013 年起算，随着植被盖度从

60.93%增长到70.93%，绿水总量也从463.91 mm 增加到 516.59 mm，增加量为 52.68 mm，增长幅度为11.36%。

通过表5-10发现，当土壤厚度从40 cm 增加到50 cm 后，绿水总量也从2013年的481.36 mm 增加到了534.58 mm，增加量为53.22 mm，增幅为11.06%；当土壤厚度从40 cm增加到60 cm 后，绿水总量也从2013年的481.36 mm 增加到了569.18 mm，增加量为87.82 mm，增幅达18.24%。

可见，在SPAC理论中涉及的两种能够影响水循环的主要因素中，无论是增加植被盖度还是增厚土层，对将蓝水转化为绿水均有显著的效果，增加植被盖度和土壤厚度对绿水增加的不同贡献参见表5-12。

表5-12 　　　　　　　增加植被盖度和增加土壤厚度对绿水增加的作用对比

增加植被盖度				增加土壤厚度			
植被盖度	绿水总量	绿水增量	绿水增幅	土壤厚度	绿水总量	绿水增量	绿水增幅
49.75%	416.09mm	—	—	40 cm	481.36mm	—	—
55.93%	439.80mm	23.71mm	5.69%	45 cm	508.20mm	26.84mm	5.57%
60.93%	463.91mm	47.82mm	11.49%	50 cm	534.58mm	53.22mm	11.06%
65.93%	489.20mm	73.11mm	17.57%	55 cm	565.31mm	83.95mm	17.44%
70.93%	516.59mm	100.50mm	24.15%	60 cm	596.18mm	114.82mm	23.85%

通过表5-12发现，尽管两种增加绿水量的方法在性质上并无可比性，但仍具有一定的参考意义。仅就对绿水总量的增长贡献而言，随着植被盖度和土壤厚度的不断增加，绿水总量无论在增长量还是增长幅度方面，均呈快速增长的趋势；增厚土层转化的绿水量稍多于增加植被盖度所转化量，而增加植被盖度导致绿水总量的增长幅度稍大于增厚土层所导致的增长幅度。虽然两种方法都能促进将蓝水转化为绿水，但从模型模拟的增长效果来看，随着措施的不断推进，增加植被盖度对绿水增长的促进作用将更为显著。

通过对表5-2和表5-10的模型计算结果数据对比发现，增加植被盖度对绿水增长的贡献主要体现在"绿水消耗"部分的增长上，而增加土壤厚度对绿水增长的贡献则主要体现在"绿水储存"部分的增长上。因此，对两种方法的选择，应结合当地自然和经济条件，视不同的情况而定。

5.4.2 增加植被盖度和增厚土层对渗漏量转化的对比分析

通过之前的分析发现，增加植被盖度和增厚土层均能促进绿水总量的增长，而根据5.2节和5.3节的分析，所有增加的绿水均来自蓝水的转化。因此，为了探索两种主要方法对渗漏蓝水转化绿水的不同影响，有必要从蓝水消耗的角度做进一步的分析。

从表5-2的模型计算结果数据来看，增加植被盖度所带来的绿水量的增加，绝大部分来源于植被截留和蒸腾所导致的径流量的减少，只有极少(不到1%)的部分来自渗漏量的减少；而当植被盖度超过 56% 以后，如果平均到单位面积上，增加植被盖度对减少渗漏的作用几乎可以忽略。因此，从模型数字实验结果来看，增加植被盖度对将渗漏蓝水转化为绿水的作用受到一定的瓶颈限制，即存在一个减渗的阈值。实际上，根据 SPAC 水循环原理，由于增加植被盖度的作用主要体现在增加了降水截留量和植被蒸腾量，同时减少了土壤蒸发量，因此，其对绿水的转化贡献必然主要来自原本应流向地表径流的水资源的截留和蒸腾；尽管以上过程也会在一定程度上减少降水渗漏的量，但是对于减少渗漏作用有限。

从表 5-10 的数字实验结果来看，增厚土层所带来的绿水量的增加，当土层增厚 10 cm 时，全部来自渗漏量的减少，而当土层增厚 20 cm 时，约有 60% 来自于渗漏量的减少，其余来自径流量的减少。因此，一方面，这样的增加绿水方式更有利于提高对渗漏蓝水的转化利用量；另一方面，也反映了随着土层的不断增厚，将对河湖蓝水资源造成影响，即选择增厚土层，并不是无限度的，尽管它能大幅减少渗漏，但也可能带来径流的减少，进而影响河湖生态和其他对河湖水资源的利用。实际上，当土壤厚度增加后，土壤水蓄变能力必然得到增强，在遏制降水渗漏的同时，也必然会减少流向河湖的水量，所以在具体操作时，还需要对增厚土壤层的量进行把握。

综上所述，根据模型模拟实验的结果分析，尽管增加植被盖度和增厚土层都能促进喀斯特石漠化地区蓝水向绿水的转化；但从提高对渗漏蓝水转化利用的角度而言，增加植被盖度对渗漏蓝水的转化作用相对有限，且存在一个植被盖度阈值；增厚土层对将渗漏蓝水转化为生态用绿水具有较好的效果，但当土壤增厚到一定规模时，也会导致河湖蓝水资源的大幅减少。因此，对于如何选择将渗漏蓝水转化为绿水的调控方法，还需要结合当地土地利用类型和地形、地貌等做进一步分析。

5.5　本章小结

如何实现将渗漏的难利用蓝水转化为可供陆生植物生长利用的生态绿水，是喀斯特石漠化地区提高水资源利用量所面临的重要挑战，而选择适宜的转化方法则是解决问题的关键所在。为此，本章基于 SPAC 原理，通过在植被和土壤两大因素变化条件下，对蓝水、绿水作用的计算和分析，提出相应的解决思路。具体而言，本章主要在以下方面进行了分析和论述：

（1）基于 SPAC 原理，提出对蓝水、绿水转化进行调控的三大途径：修建小型降水截蓄工程、改变植被盖度和改变土层厚度；

（2）通过对 SPAC 水循环过程中，影响水分传输的植被因子和土壤因子的作用进行分析，从机理的角度阐述了增加植被盖度和增厚土层两种方法的选择依据；

（2）通过设置模拟情景，分别就增加植被盖度和增厚土层两种方法对将渗漏蓝水转化为绿水的过程、结果，进行了数字实验和分析，厘清了两种方法对绿水增加的量、增加的构成成分，以及导致蓝水减少的构成成分，并从水量平衡的角度进行了论证和说明；

（3）基于对研究区、区县级计算单元和小流域三个不同空间尺度的计算，论证了绿水量、渗漏量随植被盖度增长具有同样的变化趋势，因而可将这种变化趋势应用到将植被作为调控措施的蓝水、绿水转化分析中。

(4)通过分析渗漏量减少对增加植被盖度和增厚土层的不同响应关系，进一步论述了SPAC理论中对陆面水循环具有重要影响的两大因子，对减少渗漏量的各自作用特点，为蓝水、绿水转化的调控措施分析夯实了基础。

(5)结合EcoHAT系统数字实验，比较分析了各自对将渗漏蓝水转化为绿水的效果，通过比较指出，增加植被盖度主要增加的是"绿水消耗"部分，而增厚土壤则主要增加"绿水储存"部分；增加植被盖度对将渗漏蓝水转化为绿水的作用不如增厚土层效果明显，且存在植被盖度值阈瓶颈；尽管土壤增厚到一定程度后会导致河湖水资源的减少，增厚土层对将渗漏蓝水转化为绿水具有较为显著的效果。

第6章 蓝水、绿水综合调控措施及效果分析

在对喀斯特石漠化地区蓝水、绿水转化的机理分析基础上，明确了将渗漏的难利用蓝水转化为可供陆生植物生长利用的生态绿水的主要方法之后，如何根据实际情况，提出蓝水向绿水转化的具体调控措施，则显得尤为重要。为此，本章在对蓝水、绿水转化方法所对应的调控措施进行技术可行性论证的基础上，结合研究区土地利用类型及地质地貌特点，依托 EcoHAT 系统展开数字模拟，提出各调控措施所对应的空间范围布局；并对实施调控后提高水资源利用量的效果，通过对贡献指标的计算进行量化分析。

6.1 蓝水、绿水综合调控的主要措施及其技术可行性

根据 SPAC 原理，陆地表面水循环的三大影响因子分别为大气降水、土壤和植被，通过第 5 章的分析可知，对应三大影响因子，主要有三种途径可用于将喀斯特石漠化地区渗漏的难利用蓝水转化为植被生长用的生态绿水，分别是：降水渗漏前的截留（用于灌溉）、增加植被盖度、增加土壤厚度。因此，可将蓝水、绿水转化调控的措施相应地划分为三大类，即：降水截留、增加植被盖度和增厚土层。根据野外调研的情况，并结合国家的相关生态恢复政策，降水截留类措施主要包括：修建用于灌溉农村旱地的小型降水截蓄工程；增加植被类型措施具体为封山育林；增厚土壤措施具体可采用国家当前在喀斯特地区推行的坡改梯试点工程。以下结合野外调研情况，从技术可行性的角度，分析三大类措施的适用性。

6.1.1 小型降水截蓄工程技术可行性分析

在第 1 章的分析中，已经论述众多学者认为喀斯特石漠化地区的干旱缺水现象，为典型的"工程性缺水"。基于此，相当一部分学者提出应当通过修建水库等工程来提高当地水资源利用量；但由于喀斯特地区岩溶地质结构的易渗性，大中型水利工程存在选址和经费等挑战。为此，潘世兵和路京选（2010）认为，在贵州等喀斯特地区，宜采用以小微型水利工程为主的水资源开发利用模式，并提出在河流上游采用拦、蓄方式开发地下水，在中游由于地下水埋深浅，可采用凿井开采，在下游暗河出口处建梯级水坝。Qin 等（2015）经过实地调研，提出在农村地区通过铺设覆盖防渗膜等，修建小型蓄水工程，还建议利用屋顶蓄水。可见，对于受地质条件制约较少的小微型蓄水工程，可以起到对降水的有效拦蓄利用，如果能用于植物生长，即可实现蓝水向绿水的转化。

在研究区野外调研期间，在位于息烽县中北部的喀斯特山区旱地里也发现了一些小型

蓄水工程，从工程标识来看应为当地水利部门修建的示范性工程，作为当地应对干旱进行灌溉的试点措施，从效果来看，可实现将截蓄的降水转化为生态绿水，如图 6-1 所示。经现场考察，这类小型工程一般修建于农村旱地，采用圆形布局，直径通常为 4 m，深度大约 2 m，地上围栏高度约 0.8 m，采用砖砌和内部水泥抹匀，以达到防渗漏的目的。

图 6-1 喀斯特石漠化地区旱地小水池

据初步估算，在农村地区修建这样一个小型蓄水工程，由土地所有者投入劳力，投资主要包括直接材料费和运费，其中：红砖 2450 块（约 5 t）、水泥 14 袋（总重 700 kg）、砂子 55 袋（总重 2750 kg），直接材料费合计为 1495.00 元，及运费（按平均 15 km 路程、8.5t 货物计算，货运行业平均运价为每公里 13 元/t）为 1657.50 元。总计单个小水池平均直接投资约为人民币 3152.50 元。

修建小型蓄水池直接材料费参见表 6-1。

表 6-1 小型蓄水池用料及直接材料费统计

	主体墙面	围栏墙面	阶梯	水池底部	单价(元)	备注
面积(m²)	25.12	9.60	2	12.56	——	——
用砖(块)	1850	400	200	——	0.30	含运费
水泥(袋)	4+5	2	1	2	15.00	50kg/袋
用砂(袋)	12+25	10	2	6	10.00	与水泥同规格
材料费(元)	1060.00	250.00	95.00	90.00	——	总计:1495 元

说明:根据调查,水泥抹墙厚度一般为 1~2cm,用料 5~7.5kg/m²,为达到防渗效果,均按最大值计算,用砂量与水泥用量之比一般为 3:1;单体实墙砌砖用量按 70 块砖/m²计算,围栏用砖按 30 块/m²计算,并多计入 5%的损耗;砌砖黏合用水泥为 10kg/m²,用砂量为水泥 5 倍;阶梯面积未计算与墙体和池底重叠的部分,阶梯宽度为 0.5m,为节省用砖成本,阶梯内部一般均为土体夯实。

可见,在喀斯特山区,这类小型蓄水工程具有投资小、建设周期短、实用性强,以及对地质条件要求不高等特点;而且由于占地面积小,可因地制宜修建在庄稼地内,对于降水丰沛的喀斯特石漠化地区,是解决灌溉用水和蓝水、绿水转化的有效手段。此外,喀斯特地区农村也有利用小水窖和屋顶截蓄降水,解决人畜饮水和其他生活用水困难,尽管能提高当地水资源利用量,但由于不属于蓝水向绿水转化的范畴,暂不加以讨论。

6.1.2 封山育林措施技术可行性分析

基于增加植被覆盖的方法,从生态学的观点来看,主要是对当地原有植被的恢复。通过第 1 章的分析可知,在石漠化地区正是由于历史上植被遭到严重破坏,导致水土流失、岩石出露地表,最终导致石漠化和生态退化,加剧了降水渗漏流失。因此,为减少渗漏量,应对植被覆盖不足的区域实行植被恢复。

对此,孙德亮等(2013)通过对贵州喀斯特石漠化地区的研究,指出导致当地水土流失严重的原因在于植被破坏,应根据国家封山育林政策,结合喀斯特石漠化地区地质地貌特点,研究适宜的退化植被生态修复技术;该修复技术主要包括从植物选种、种群构建到植被重新恢复的一系列过程;提出在自然封育的基础上,还可通过人工植补的方式加快对森林植被的恢复,并且推荐在当地种植花椒、核桃、金银花等适生经济树种。付忠良与李增(2013)也认为导致喀斯特地区石漠化的原因在于植被覆盖不够,建议通过建立生态保护区来达到大力植树造林和防止植被破坏的目的,其措施与封山育林本质是一样的。王桂萍等(2012)结合贵州石漠化地区的地质特点和土壤性状,经过在贵阳市息烽县的实地造林试验,通过阔叶与针叶混交、常绿与落叶混交的方式进行树种配置,在对榆树、迎春、栾树、侧柏等 31 个适生树种进行试验的基础上,按成活率、保存率、高生长、径生长等综合指标,推荐了枫香、刺槐、栾树、桤木、侧柏等 15 个造林树种,并认为移植苗成活率高于容器苗,所有树种中桤木的长势最好。王桂萍等推荐的喀斯特石漠化地区植被恢复适生造林树种参见表 6-2。

树种 名称	树种 属性	成活率 排名	保存率 排名	高生长 排名	径生长 排名	综合因 子得分	综合因 子排名
枫香	落叶乔木	1	1	6	6	62	1
刺槐	落叶乔木	1	8	4	4	59	2
栾树	落叶乔木/灌木	1	1	14	3	57	3
桤木	落叶乔木/灌木	3	13	2	2	56	4
侧柏	常绿乔木	1	3	9	7	56	5
榆树	落叶乔木	1	1	7	15	52	7
迎春	落叶灌木	1	1	5	20	49	8
亮叶桦	落叶乔木	4	17	3	5	47	9
光皮树	落叶乔木	1	2	15	13	45	10
柏木	常绿乔木	1	4	11	16	44	11
柳杉	常绿乔木	4	7	13	10	42	12
红翅槭	常绿乔木	1	1	18	17	39	13
滇柏	常绿乔木	7	9	8	16	36	16
女贞	常绿乔木/灌木	8	10	13	13	32	18
藏柏	常绿乔木	9	14	12	14	27	20

表 6-2   喀斯特石漠化地区封山育林适生树种推荐

注:表中的树种排名源自王桂萍等(2012)的研究成果,其中成活率排名为"1",表示该树种苗木在造林试验中成活率为 100%;保存率排名为"1",表示该树种在造林试验中成活后保存下来的概率为 100%,其他排名均按选定树种排序而得。

此外,苏醒等(2014)通过对贵州、广西、云南的石漠化生态经济重建研究后认为,石漠化的形成固然有地质、地貌、气候、水文、土壤、坡度等因素,但正是由于乱砍滥伐、陡坡开荒、伐薪烧炭等人为破坏,加速了石漠化形成和土壤环境恶化,因此应根据不同的石漠化程度采取封山育林、环保移民等措施,进行石漠化治理和生态恢复。陈璠等(2014)通过对贵州地区的研究,将封山育林列为防治石漠化的首要技术措施。可见,封山育林作为一项植被恢复政策措施,经过多年的实践,对于石漠化地区生态恢复和治理水土流失,已经具备一整套成熟的理论和技术体系。

6.1.3　坡改梯措施技术可行性分析

前文通过引入 EcoHAT 系统进行数字实验并分析发现，增加土壤厚度是将渗漏的难利用蓝水转化为生态绿水的重要方法，在模型计算中，采取对整个研究区平均增加一定厚度土土壤的方法来计算增厚土层对减少渗漏的效果。但是，在生产实践中，由于地势高低起伏、地貌多种多样等原因，不可能对整个研究区普遍增加定量厚度的土壤；因此，在喀斯特山区只能因地制宜选取适宜的区域增加土壤厚度。

关于喀斯特石漠化地区通过增加土壤厚度达到保土保水效果的问题，早期万军与蔡运龙（2003）在研究贵州省关岭县石漠化生态重建时即提出采取累石堰建梯田、建造生物篱笆等方式实现水土流失治理，并认为通过将坡耕地改造为平整梯田（坡改梯）可以提高土地和水资源利用效率。罗林等（2006）通过对贵州省毕节市何官屯镇龙滩坪村 10～25 度不同坡度的耕地，进行石砍坡改梯改造试验，指出坡改梯不仅具有较好的保土保水保肥效果，而且能够有效促进耕地粮食增产。刘京伟与王华书（2010）在对贵阳市环境地质问题及防治政策的研究中认为，由贵州省发改委组织的坡改梯、生态移民、退耕还林等 40 余项示范工程为石漠化防治积累了丰富的经验。孙德亮等（2013）认为，可选择水土匹配条件较好的地区，通过修建石砍梯田进行坡耕地改造，以达到增厚土层的目的。苏醒等（2014）也认为，通过坡改梯工程促进农业生产是石漠化治理的有效措施之一。余娜与李姝（2014）通过研究指出，在贵州省石漠化地区坡耕地治理过程中，通过"石砍+山边沟"的方式构建的坡改梯工程措施对于保水和保土保肥有较好效果。熊强辉与杜雪莲（2015）则建议，将坡改梯措施纳入石漠化防治技术体系中的基本农田建设工程。

综合以上学者的研究成果可见：第一，经过多年的探索和技术积累，坡改梯措施已经成为石漠化防治的重要手段；第二，坡改梯措施的石漠化防治效果基本获得学术界及当地管理部门的一致肯定；第三，坡改梯措施主要针对坡耕地石漠化防治，鉴于贵州地区耕地以坡耕地为主，坡改梯措施除了能有效防止土壤流失和降水漏失外，对于当地农业生产还具有重要意义；第四，喀斯特石漠化地区坡改梯措施可通过就地取材，以累石堰（砌石砍）的方式将坡耕地的土壤累积平整而形成梯田（即增厚土壤）固定住，达到保土保水保肥的目的。坡耕地改造为梯田的工程过程参见图 6-2。

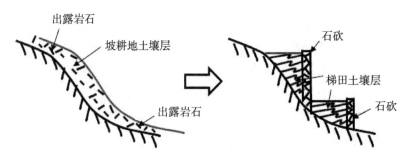

图 6-2　喀斯特石漠化地区坡改梯工程示意图

此外，在城市扩张建设过程中产生的大量废弃渣土也可按就近原则补充坡改梯措施用土、增厚土壤层，如本书插页图 6-3 所示为当地贵安新区建设中产生的大量弃土。

通过对研究区的实地调研发现，在当地政府的主导下，部分石漠化较严重的农村地区，坡改梯工程已初具规模，对于其他类似地区具有很好的示范意义。贵阳市开阳县联通村水土保持示范区部分坡改梯工程参见本书插页图 6-4。

可见，坡改梯工程措施经过多年实践，已经积累了一定的技术基础，是喀斯特石漠化地区增加土壤厚度，实现保土保水保肥的重要手段。

6.2 主要调控措施的空间布局

根据之前的分析，喀斯特石漠化地区蓝水、绿水调控的主要措施建议包括用于农村旱地灌溉的小型降水截蓄工程(即旱地灌溉用小型蓄水池)、针对植被增长的封山育林措施和针对增厚土层的坡改梯措施。为了论证措施的可操作性，还需要进一步分析其空间布局。

6.2.1 小型降水截蓄工程空间布局

根据实地调研，作为当地农村旱地灌溉示范措施，基本按平均每间隔 200 m 配置一个小水池，即每 0.04 km² 面积的渗漏区旱地配建一个小型蓄水池，理论上每平方公里可配置 25 个小水池。结合土地利用图，以 m 为单位提取的渗漏区农用旱地面积约为 712988919 m²，约合 713 km²。因此，如果按 713 km² 计算，则应建的小水池数为 713×25＝17825(个)；但实际上，山区耕地往往呈不规则的块状分布，且存在不连片的小块零散区域。在具体操作时，对于面积大于或等于 0.02 km² 的零散地块按一个小水池进行配置，而对小于 0.02 km² 的地块则不考虑配置小水池，但在小水池选址时宜尽量接近未纳入考虑的零散地块。每个小水池所控制地块和建造位置确定过程参见本书插页图 6-5。

图 6-5 中每个方格的边长为 200 m，不规则多边形代表渗漏区旱地地块，方格为面积大于 0.02 km² 而小于等于 0.04 km² 的单块旱地控制单元，图 6-5(d)中小圆标代表小水池。从图 6-5(d)可见，小水池并不都位于方格地块的正中央，可参照泰森多边形中心点算法，将选址确定在由每个方格地块和其邻近零散旱地共同构成的多边形地块的中心位置。

在实际操作中，为准确统计渗漏区旱地需要修建的小水池数量，并确定其空间布局，应按 200 m×200 m 栅格重新进行土地利用类型识别，提取出研究区位于渗漏地带的农用旱地(如图 6-6 所示)，总计 200 m×200 m 栅格的像元数为 17788 个，该像元数即为与旱地面积相对应的小水池数，比理论数值少了 37 个小水池。

根据贵阳市水资源公报数据，研究区多年平均降水量为 1095.7 mm，理论上每个小水池年均蓄水量为 13.76 m³，按整个渗漏区旱地修建 17788 个小型蓄水池计算，相当于每年拦蓄 244796.68 m³ 降水量。

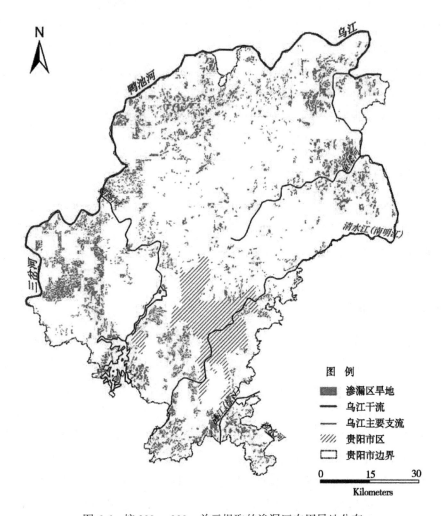

图 6-6　按 200m×200m 单元提取的渗漏区农用旱地分布

6.2.2　封山育林措施的空间布局

　　根据 SPAC 原理，通过改变植被盖度来改变蒸散发量，是调节区域蓝水、绿水份额的重要手段，封山育林作为快速实现增加植被盖度的重要措施，经过在研究区乃至贵州省其他喀斯特石漠化地区的试验，已经具备了较好的推广技术基础。但根据之前的分析，封山育林措施的实施，尚需具备两个条件：一是作为石漠化地区植被恢复的重要手段，封育的区域在土地利用性质上一定要属于林地或草地；二是所在区域存在渗漏情况，尤其是渗漏比较严重的林草地。

　　此外，前文基于 EcoHAT 模型进行数字模拟发现，研究区植被盖度从 50% 增长到 56% 后，植被盖度继续增长对减少渗漏量的贡献大幅减弱，因此，有必要结合当地土地利用类型，从空间上提取出植被盖度低于 50% 的土地利用性质为林草地的渗漏区域，作为以封山育林方式增加植被盖度的调控区域，调控措施所对应的研究区三大土地利用类型空间分布参见图6-7。为此，通过 GIS 软件工具，首先提取土地利用性质为林地和草地的区域进行合并，然后与渗漏区进行叠加，提取出土地利用性质为林草地的渗漏区（参见图6-8，面积约为 2193.25 km²），再提取出植被盖度低于50%的渗漏区域（参见图6-9，面积约为 1391 km²），最后将两图叠加生成植被盖度低于50%、并且土地利用性质为林草地的研究区渗漏空间分布图（参见本书插页图6-10，面积约为 937.75 km²）。

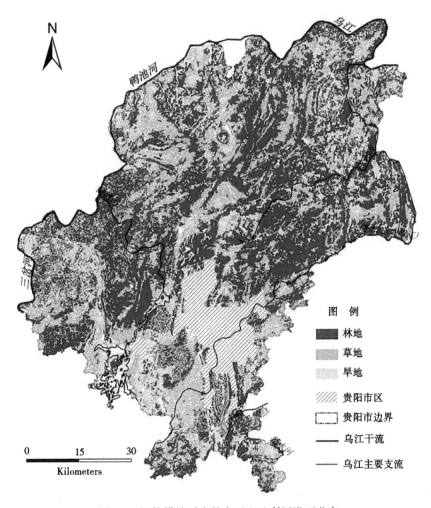

图 6-7　调控措施对应的主要土地利用类型分布

　　基于之前对增加植被盖度减渗效果的分析，将本书插页图6-10中紫框内的区域（2013年植被盖度低于50%且土地利用性质为林草地的渗漏区），列为基本林草封育区，其涵盖范围 937.75 km² 占研究区土地利用性质为林草地的渗漏区面积 2193.25 km² 的42.76%，占整个渗漏区面积 3805 km² 的24.65%。

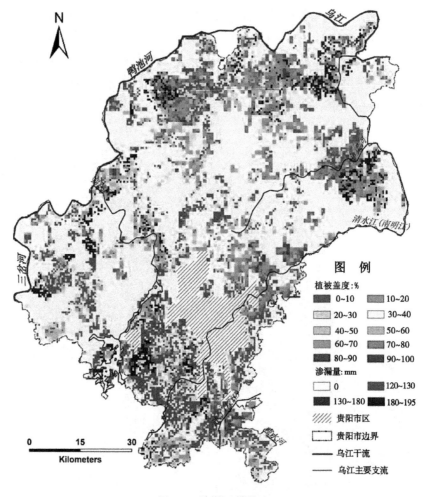

图 6-8　渗漏区林草地

　　为便于进一步分析封山育林措施的空间布局，分别模拟 2003 年和 2013 年研究区植被盖度分布(本书插页图 6-11、图 6-12)，并与 2013 年渗漏量空间分布图叠加对比，发现：

　　(1)2013 年渗漏量高于 180 mm 并且植被盖度低于 50%的林草地面积为 303 km²，约占严重渗漏区域(渗漏量高于 180 mm)面积 885 km²的 34.23%，可将该部分区域提取出来，作为采取封山育林措施进行调控的典型渗漏区域(参见本书插页图 6-11、图 6-12 中蓝框内的区域，以及图 6-13 中紫框内的区域)。

　　(2)在 2003 年至 2013 年期间，研究区平均植被盖度增加了约 10%(参见图 6-11、图 6-12)，典型渗漏区内植被未发生明显变化(面积约 103 km²)和退化(面积约 20 km²)的面积总共达 123 km²，占典型渗漏区面积的 40.59%，占严重渗漏区面积的 13.90%，作为采取封山育林调控措施时尤其需要重视的区域(参见图 6-14)。

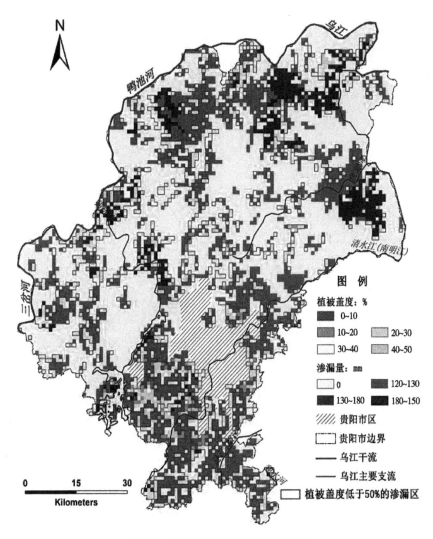

图 6-9 植被盖度低于 50% 的渗漏区

(3)对于植被未变化区和负增长区,植被盖度在过去十年未实现增长既可能是地形的原因(所在地为岩石或土层过于薄脊),也可能是人为的原因(乱砍滥伐、烧荒等),在具体调控时需要因地制宜采取相应的措施。如果是人为原因导致植被盖度未增长,则应尽快采取林草恢复措施。

(4)渗漏量低于 180 mm、且植被覆盖率低于 50% 的林草渗漏区,面积约为 634.75 km²,根据 EcoHAT 系统数字模拟结果,2013 年其大部分地区渗漏量介于 120~130 mm 之间,由于渗漏规模巨大,也应适时部署实施封山育林措施(参见图 6-15)。

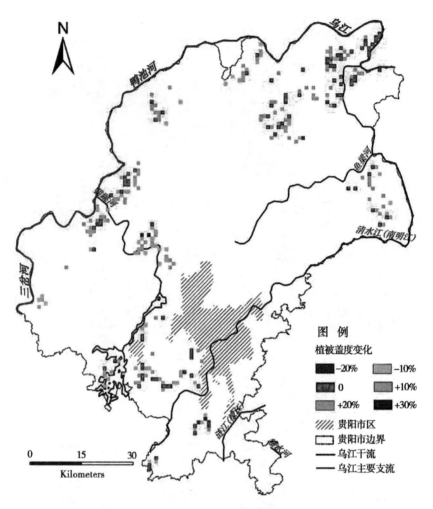

图 6-14　典型区 2003—2013 年植被盖度变化

6.2.3　坡改梯措施的空间布局

由于研究区农村旱地多为坡耕地(白晓永等,2015;龙健和李娟,2001),其中 6~15 度坡耕地面积多达 101 万亩(约合 673.33 km²)(宋宗泽,2014)。通过坡改梯措施增厚土壤后,将渗漏的难利用蓝水转化为绿水储存,将不仅有利于提高当地水资源利用量,而且能直接为农作物生长补充代谢用水。因此,对喀斯特石漠化地区坡改梯措施的空间布局进行分析将具有十分重要的实用价值。根据 EcoHAT 系统模拟的结果,在进行坡改梯措施规划时,以下为坡耕地措施的建议实施区域:

(1)根据之前计算的结果,增厚土层对减少渗漏具有较显著的效果。因此在理论上,只要不受自然条件和经济成本限制,在所有渗漏的区域都可以根据需要,推广采取坡改梯

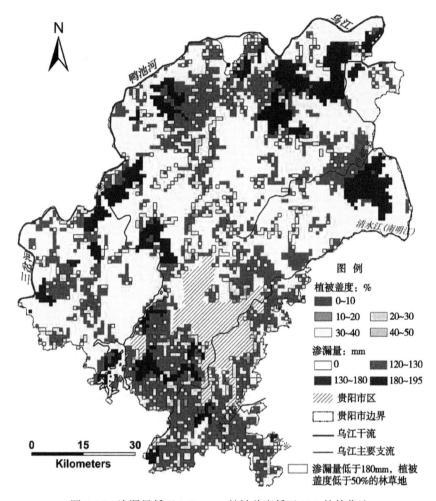

图 6-15　渗漏量低于 180 mm，植被盖度低于 50%的林草地

措施增加土壤厚度来达到减少难利用渗漏蓝水的目的。

　　(2)孙德亮等(2013)认为，应选择水土匹配条件较好的地区来实施坡改梯工程，鉴于研究位于较湿润的亚热带季风气候带，在实施坡改梯时，应尽量选择土壤条件较好的坡耕地，以方便就地取土，因此将土地利用性质为旱地的渗漏区列为实施坡改梯措施的基本区域，面积约为 713 km²(参见图 6-16)。

　　(3)相对于通过封山育林措施来减少渗漏量的典型渗漏区域，对植被盖度高于 50%、并且渗漏量高于每平方公里 180 mm 的严重渗漏区林草地范围，参见本书插页图 6-17 中严重渗漏区域紫框内的部分，可列为急需通过增加土层厚度来进行调控的区域。这部分面积约为 344.25 km²，约占渗漏严重区域面积 885 km²的 38.89%，对于其中因自然条件所限，采用坡改梯措施取土有困难的，可利用附近城市建设弃用渣土来进行补充，对于自然条件

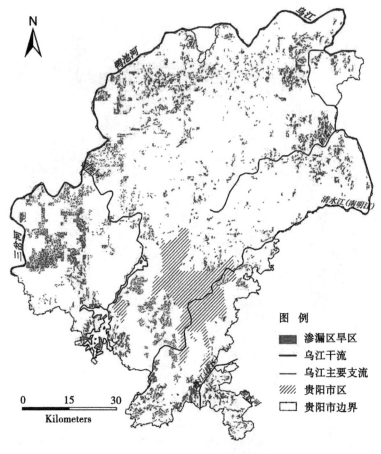

图 6-16 渗漏区旱地分布图

类似于坡耕地的，则可直接适用坡改梯措施。

（4）对渗漏区植被盖度高于 50%、且渗漏量低于 180 mm 的林草地，面积约为 911. 25 km²，经模型计算发现，植被盖度在 50%~60% 之间的面积仅为约 0. 25 km²，其余绝大部分面积在 60% ~ 90% 之间（60% ~ 70%：287. 50 km²，70% ~ 80%：302. 50 km²，80% ~ 90%：272. 50 km²，90% 以上：48. 25 km²），鉴于其植被盖度基本在 60% 以上（图 6-18），继续增加植被对减少渗漏作用不大，这部分区域 2013 年其大部分地区渗漏量介于 120~130 mm 之间，渗漏量规模巨大，可视地形地貌情况采取坡改梯措施增厚土层。

（4）对于上节中提到的植被盖度未增长的严重渗漏林草地，如果不是人为的原因造成，也不是陡峭岩石等难以利用的地貌，也可以通过坡改梯的方式增厚土层进行调控。

考虑到坡改梯措施对提高水资源利用量和农业生产的潜在价值，有必要对通过坡改梯措施将蓝水转化为绿水的效果做进一步分析。

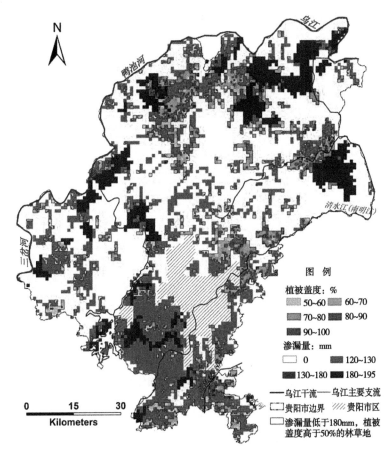

图 6-18 植被盖度高于 50%非严重渗漏区林草地

6.3 研究区蓝水、绿水调控措施实施建议

根据之前的数字模拟、实验和分析，提出将研究区渗漏的难利用蓝水转化为可供陆生植物利用的生态绿水的具体调控措施建议如下：

(1)将渗漏区旱地作为降水截蓄措施的基本实施区域，普遍修建灌溉用小水池，用于对降水的截蓄，原则上按每 0.04 km² 配置一个小型蓄水池，初步估算在研究区约 713 km²农村旱地上，共需配建 17788 个小水池。

(2)以植被盖度低于 50%、土地利用性质为林草覆盖地的区域为封山育林的基本区域，视地形条件启动封山育林措施。

(3)以渗漏量高于每平方公里 180 mm、植被盖度低于 50%，且土地利用性质为林草覆盖地的严重渗漏区域，作为封山育林典型区，需尽快进行封山育林。

(4)对植被盖度低于 50%，且渗漏量低于 180 mm 的广大渗漏区林草地，绝大部分地区 2013 年渗漏量在 120~130 mm 之间，需适时启动封山育林措施。

（5）在典型渗漏区中，从 2003 年至 2013 年间植被盖度未实现增长的区域，在确定植被盖度未增长的原因为非自然因素的（即人为破坏导致），作为封山育林需要特别重视的地区，宜尽快开展封山育林。

（6）基于经济和生态可持续发展兼顾的原则，以位于渗漏区域的 713 km² 农村旱地，为启动坡改梯措施的基本区域，视农业生产的需要，适时启动调控。

（7）理论上，只要不受自然条件和经济成本限制，在所有渗漏的区域均可以根据需要，推广采取坡改梯措施进行蓝水、绿水调控。

（8）对植被盖度高于 50% 并且渗漏量高于每平方公里 180 mm 的严重渗漏区林草地范围，可列为急需通过增加土层厚度来进行调控的区域。

（9）对植被盖度高于 50% 并且渗漏量低于每平方公里 180 mm 的渗漏区林草地，绝大部分地区 2013 年渗漏量在 120～130 mm 之间，应根据地形条件，适时启动坡改梯措施。

（10）对于 2003—2013 年间植被盖度未增长的典型渗漏区域，如果植被盖度未增长的原因非人为造成，应作为需要特别重视的区域，结合封山育林措施，并通过坡改梯的方式增厚土层进行调控。

三大类蓝水、绿水调控措施及其所对应的面积、范围，参见表 6-3。

表 6-3　　　　　　　　　　　　三大蓝水、绿水调控措施实施空间布局

措施类型	实施区类别	实施范围	实施面积（km²）
农村旱地小型降水截蓄工程	基本实施区	渗漏区农村旱地	713.00
封山育林	基本实施区	植被盖度低于 50% 的渗漏区林草地	937.75
	典型渗漏区	植被盖度低于 50%，且渗漏量高于 180mm 的严重渗漏区林草地	303.00
	适时实施区	植被盖度低于 50%，且渗漏量低于 180mm 的渗漏区林草地	634.75
	重视区	植被未增长的典型渗漏区	123.00
坡改梯	基本实施区	渗漏区农村旱地	713.00
	急需实施区	植被盖度高于 50%，渗漏量高于 180mm 的严重渗漏区林草地	344.25

续表

措施 类型	实施区类别	实施范围	实施面积 （km²）
坡改梯	适时实施区	植被盖度高于50%，且渗漏量低于180mm的渗漏区林草地	911.25
	推广应用区	不受自然条件和经济成本限制的所有渗漏区域	3805.00
	重视区	植被未增长的典型渗漏区	123.00

6.4 坡改梯措施对生态绿水贡献的数字实验

根据前文的数字实验结果，当植被盖度增长到一定比例（在研究区，这一比例为56%）后，通过增加植被盖度对蓝水、绿水调控的作用越来越微弱，而增加土壤厚度则能够达到显著减少并转化难利用渗漏蓝水的效果。鉴于2013年研究区平均植被盖度已超过60%，对于整个研究而言，通过坡改梯措施增厚土层成为减少渗漏量的主要手段，为了进一步揭示增加坡改梯措施对渗漏蓝水向生态绿水的转化效果，有必要就增厚土层在不同降水情景下对减少渗漏的贡献进行数字实验。

6.4.1 不同降水年份情景下增厚土层对生态绿水增长的贡献

为深入分析坡改梯措施对提高生态绿水份额的贡献，分别设置丰水年、平水年和枯水年情景，计算不同降水年份背景下，增厚土层所减少并转化为生态用绿水的渗漏量。采用EcoHAT系统模拟土壤增厚20 cm，计算结果参见表6-4。

由表6-4可见：

(1)丰水年情景下，土层增厚20 cm后，渗漏量减少幅度为72.19%，渗漏减少量（59.88 mm，$4.49×10^8$ m³）占2013年地下水资源总量$11.97×10^8$ m³的37.49%；

(2)平水年情景下，土层增厚20 cm后，渗漏量减少幅度为76.35%，渗漏减少量（63.05 mm，$4.73×10^8$ m³）占2013年地下水资源总量$11.97×10^8$ m³的39.51%；

(3)枯水年情景下，土层增厚20 cm后，渗漏量减少幅度为82.34%，渗漏减少量（67.35 mm，$5.05×10^8$ m³）占2013年地下水资源总量$11.97×10^8$ m³的42.18%；

(4)通过对比发现，枯水年情景下当土层增厚20cm后，渗漏量减少幅度达82.34%，高于丰水年和平水年情景下的减渗幅度，且渗漏量减少的顺序依次是：枯水年>平水年>丰水年。这表明在降水偏少的年份，土层增厚后将有更多的难利用渗漏蓝水被转化为可供陆生植被生长利用的生态绿水，能够有效缓解缺水年份植被生态用水的不足。因此，土层增厚对陆生植被生态用水具有较好的改善作用。

表 6-4　　　　不同降水年份情景下增加土层厚度对减少渗漏量的影响实验结果

主要参数	2013（丰水年）	2013（丰水年）-增加20cm土厚	2013（平水年）	2013（平水年）-增加20cm土厚	2013（枯水年）	2013（枯水年）-增加20cm土厚
V_c(%)	60.93	60.93	60.93	60.93	60.93	60.93
P_{sum}(mm)	1336.16	1336.16	1094.10	1094.10	774.58	774.58
E_{ps}(mm)	88.94	107.01	82.30	99.08	73.93	85.89
E-plant(mm)	198.27	198.27	198.28	198.28	198.29	198.29
Inter(mm)	53.57	53.57	46.80	46.80	36.55	36.55
Soil-w(mm)	151.43	257.43	150.49	252.60	148.63	244.80
R_{off}(mm)	843.94	719.87	615.32	497.33	317.18	208.96
Infiltr(mm)	82.94	23.06	82.58	19.53	81.80	14.45

注：V_c 为植被盖度（单位:%），P_{sum} 为降水（单位：mm），E_{ps} 为土壤蒸发量（单位：mm），E-plant 为植被蒸腾量（单位：mm），Inter 为植被截留量（单位：mm），Soil-w 为土壤水蓄变量（单位：mm），R_{off} 为径流量（单位：mm），Infiltr 为渗漏量（单位：mm）。

不同降水年份情景下，增加土壤厚度对渗漏量减少的影响，以及减少幅度数字实验结果参见图 6-19。

通过以上分析可见，坡改梯（增厚土层）不仅能大幅减少喀斯特石漠化地区难利用渗漏蓝水量，而且通过将渗漏蓝水转化为可供陆生植物生长利用的绿水资源，能够有效缓解植物生态用水的不足，是将渗漏蓝水转化为生态绿水的较好选择。然而，以上计算和分析都是针对整个研究区而言，鉴于模型计算可能的尺度效应，还需要对增厚土层的减渗作用，分别基于区县级计算单元和小流域单元等不同空间尺度进行计算检验。

6.4.2　增厚土层减渗作用的尺度效应分析

首先，参照表 6-4，以 2013 年数据为计算基础，基于区县级计算单元，通过 EcoHAT 系统对不同降水年份情景下，增厚土层前后的渗漏量变化进行数字实验。计算结果见表 6-5，表 6-6。

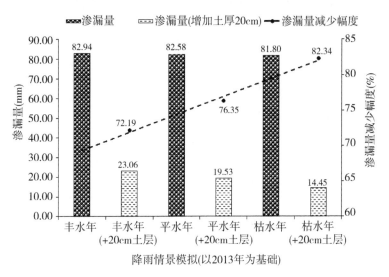

图 6-19　不同降水年份情景下增加土层厚度对减少渗漏量的影响

表 6-5 和表 6-6 综合反映了在丰水年、平水年和枯水年等不同的降水年份情景下，各个区县级计算单元在土壤增厚 20 cm 后，渗漏量减少的幅度均呈枯水年>平水年>丰水年的趋势，以及渗漏量随着增加土壤厚度大幅减少的趋势，均与以整个研究区为计算范围的变化特征相一致，各计算单元渗漏量减少幅度变化情况参见图 6-20。

表 6-5　　　　　　**区县级计算单元在不同降水年份情景下增厚土层渗漏量**

（单位：mm）

各区渗漏量	2013（丰水）	2013（丰水）-增加 20cm 土厚	2013（平水）	2013（平水）-增加 20cm 土厚	2013（枯水）	2013（枯水）-增加 20cm 土厚
开阳	80.39	13.74	79.85	10.45	78.93	5.62
息烽	95.19	23.18	94.63	19.68	93.41	14.77
修文	61.77	25.19	61.60	21.38	61.06	16.00
清镇	64.79	23.38	64.70	19.55	64.37	14.11
近郊	104.93	31.37	104.54	27.96	103.68	22.96

注：表中为对各区县级计算单元在增厚土层 20cm 后减少渗漏量的统计。

表 6-6   不同降水年份情景下增厚土层对各区县级计算单元减少渗漏量

区县级 计算单元	丰水年 减渗量 （mm）	丰水年 减渗幅度 （%）	平水年 减渗量 （mm）	平水年 减渗幅度 （%）	枯水年 减渗量 （mm）	枯水年 减渗幅度 （%）
开 阳	66.45	82.91	69.41	86.92	73.31	92.88
息 烽	72.00	75.64	74.95	79.21	78.64	84.19
修 文	36.60	59.23	40.22	65.29	45.06	73.79
清 镇	41.41	63.92	45.16	69.79	50.26	78.08
近 郊	73.56	70.10	76.57	73.25	80.72	77.85

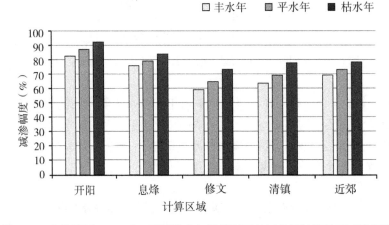

图 6-20 土壤增厚 20cm 后，不同降水年份情景下各区县级计算单元减渗幅度

为了支撑对土壤厚度变化调控的分析，还需要进一步论证渗漏量随土壤层增厚在更小一级尺度，即小流域尺度的变化趋势。为此，根据 EcoHAT 系统数字实验结果，将不同降水年份情景的小流域单元（基于 5.2.2 节所提取小流域），在增加土壤厚度 20 cm 前后的渗漏量和渗漏变化情况，汇总于表 6-7。

表 6-7   不同降水年份情景下增厚土层对小流域单元渗漏量变化的影响

计算指标	丰水年	丰水年－ 增加 20cm 土厚	平水年	平水年－ 增加 20cm 土厚	枯水年	枯水年－ 增加 20cm 土厚
渗漏量（mm）	105.66	37.65	105.00	34.15	103.70	29.51
减渗量（mm）	—	68.01	—	70.85	—	74.19
减渗幅度（%）	—	64.37	—	67.48	—	71.54

从表 6-7 可见，随着土壤厚度增加 20 cm，小流域单元的渗漏量大幅减少，减少的水量和幅度均呈枯水年>平水年>丰水年的趋势，与以研究区和区县为计算尺度的变化特征相一致。经过在研究区—区县级计算单元-小流域等三级尺度的数字实验结果比较，渗漏量随土壤厚度增加而大幅减少的变化趋势，以及增厚土层导致枯水年渗漏量减少的幅度依次大于平水年和丰水年的特点，能够支撑对增厚土壤调控渗漏量的分析。

综上所述，相比于降水截留和封山育林措施，基于增厚土层方案的坡改梯工程措施也是目前技术条件下优先推荐的蓝水、绿水转化调控措施。

此外，对于我国西南喀斯特地区尤其是石漠化地区而言，坡改梯措施的实施不仅意味着在技术上实现保土保水保肥，要保证工程的顺利推广，更需要广大农村群众的热情参与，通过工程，能够让当地农民获得实惠至关重要。罗林等（2007）在对贵州省毕节地区何官屯镇龙滩坪村石漠化治理措施的实验中，对坡改梯工程效益进行综合评估后发现，当地经过坡耕地改造为石砍梯田的农用地，土壤保水率、保土率和玉米的增产率分别达到37.4%、71.2% 和 36.4%，实践表明，坡改梯工程不仅能够有效固土和防止降水渗漏流失，而且具有较好的生态效益和经济效益，是石漠化地区提高水资源利用量和生态治理恢复的较好措施选择。

6.5 蓝水、绿水调控措施效果分析

根据研究目标，喀斯特石漠化地区蓝水、绿水调控的目的在于通过调控，实现将渗漏的难利用蓝水转化为可供陆生植物生长利用的生态绿水，从而提高当地水资源利用量。因此，在确定三大类调控措施及其空间布局后，有必要对蓝水、绿水调控措施对水资源利用量提高的效果进行量化分析和评价，为喀斯特石漠化地区水资源合理开发利用提供参考。为确保调控措施在实施上的可行性，基于之前章节的论述，需对三大措施在各自实施区域内，对蓝水、绿水调控的适宜性展开进一步分析。

6.5.1 三大调控措施区域适宜性

根据第 5 章中两种方法对将渗漏蓝水转化为陆生植物用生态绿水的效果分析可知，增加植被盖度尽管可以实现大量蓝水、绿水的转化，可是当研究区植被盖度超过 56% 以后，这部分转化的蓝水只有平均不到 1% 来源于渗漏的地下蓝水，即增加植被盖度（封山育林措施）对减少渗漏量的效果不明显，同时还会导致大量河湖径流量减少，容易引发新的生态问题。相比之下，增厚土层的方式却能使大量渗漏蓝水保留在土壤中，并转化为绿水储存。此外，通过本章 6.2 节的分析可知，受地质条件和经济因素制约，喀斯特石漠化地区修建水库等大规模降水截蓄工程面临着选址和成本的挑战；考虑到通过降水渗漏前的农村旱地小微型截留措施所截蓄的降水量毕竟有限。因此，在目前技术条件下，可将坡改梯视为将渗漏蓝水转化为生态绿水的首选措施。

但在生产实践中，由于已有覆类型和地形地貌的复杂性，使得坡改梯措施不可能大规模适用于喀斯特石漠化地区的林草地改造；因此，封山育林措施仍可作为林草地减少降水渗漏的重要调控措施。

回顾 6.2 节对蓝水、绿水调控措施空间布局的数字模拟结果，渗漏区内植被盖度低于

50%的林草用地面积约为 937. 75 km^2(参见图 6-10)，将该区域作为可通过封山育林来减少渗漏量的基本区域。为进一步分析计算林草地封山育林后的减渗效果，首先需要梳理这部分区域植被盖度分级情况，根据研究区植被盖度数据，获取 2013 年该部分地区不同植被盖度面积构成如表 6-8 所示。

表 6-8　　　　　　　　　封山育林基本区域不同植被盖度面积构成

植被盖度	0~10%	10%~20%	20%~30%	30%~40%	40%~50%
面积(km^2)	12. 50	41. 25	132. 25	304. 25	447. 50

此前通过 EcoHAT 系统数字模拟显示，对于封山育林措施而言，当植被盖度超过 50%后，植被盖度每增加 5%，所减少的单位面积渗漏量不足 1mm，但若对应到整个研究区 7495 km^{2}面积，减少的渗漏量将是十分可观的(约 750×10^4 m^3，相当于一个小(一)型水库库容)。进一步分析发现，在 2013 年植被盖度低于 50%的封山育林基本区面积约为 937. 75 km^2，仅占整个研究区面积的 11.08%，而且植被盖度在 20%以下的区域(面积为 53. 75 km^2)仅占封山育林基本区面积的 5.73%，由于基本封育区面积占研究区比例不大(12.51%)，如果将这部分区域植被盖度整体提升 30%，即大部分基本封育区的植被盖度提升至 50%以上，应该不会对整个研究区河湖径流量产生太大影响。

渗漏区土地利用性质为旱地的面积约为 713 km^2，根据野外调研，研究区旱地以坡耕地类型为主，因此将该区域作为通过坡改梯措施实现将渗漏蓝水转化为农作物生态用绿水的基本区域。另外，对于植被盖度大于 50%的渗漏区域，由于通过封山育林减少渗漏量的效果并不明显，也可以根据实地情况，选择适当地块作为通过坡改梯增厚土层来减少渗漏的区域，这部分面积约为 1255. 50 km^2，即：2193. 25 km^2-937. 75 km^2，其中渗漏量大于 180mm 的部分面积约为 344. 25 km^2，是亟待通过增厚土层来减少渗漏量的地带(参见图 6-16)。

此外，根据本章之前的分析，对于渗漏区土地利用性质为农用旱地的区域，由于可通过修建小水池实现降水截留用于抗旱灌溉，进而实现将一部分渗漏蓝水转化为农作物生长用生态绿水，是坡改梯措施对农作物进行生态用水涵养的有益补充。因此，将这部分区域同时作为适宜采取降水截留措施进行蓝水、绿水调控的基本区域。

6.5.2　三大调控措施转化渗漏蓝水量

1. 小型降水截蓄工程转化渗漏蓝水量

对于小型降水截蓄工程措施而言，根据 6.2.1 节的初步估算结果，研究区农村旱地面积约为 713 km^2，可建小型蓄水池 17788 个，如果按多年平均降水量 1095.7 mm 计算，理论上每年能拦蓄 244796.68 m^{3}降水量。但由于"多年平均降水量"仅是一个单一的数值，本身并不包含空间像元信息，无法将降水量具体到单位面积(像元尺度)上，以进行基于空间的计算和分析；因此，为了便于和封山育林、坡改梯等措施的调控效果相比较，并与之前的模型计算输入数据一致,统一采用初始年(2003 年)降水量值 968.23 mm 导入计算。

经计算,每个农村旱地小型降水截蓄工程(小水池)每年理论截蓄降水量为 12.16 m³,合计所有小水池年度截蓄量约为 216318.09 m³,即实现将原本为当地难利用地下水组成部分的 216318.09 m³ 渗漏蓝水量,通过截蓄转化为农作物灌溉用生态绿水。

2. 封山育林措施转化渗漏蓝水量

根据 6.2.2 节的分析,将研究区植被盖度低于 50% 的林草地渗漏区域列为基本林草封育区(面积为 937.75 km²),表 6-8 显示,基本林草封育区内植被盖度在 30%~50% 之间的区域面积为 751.75 km²,占基本林草封育区面积的 80.16%;20%~50% 之间的区域面积达 884 km²,占基本林草封育区面积的 94.27%;植被盖度在 20% 以下的区域仅为 53.75 km²,约占基本林草封育区面积的 5.73%,占研究区面积的 0.72%。可见,渗漏区植被盖度较低的林草地类型仅占很小的部分。

鉴于现实中难以实现将喀斯特石漠化地区植被盖度提升到 100%,结合 5.2 节的研究,植被盖度若无限度增长将导致原本应汇入地表径流里的降水大量转化为绿水消耗掉,并进而引发河湖生态危机。根据 5.2 节的模拟分析结果,当研究区植被盖度由 50% 增长到 56% 以后,植被盖度增加对渗漏量减少的贡献急剧减弱,植被盖度每增加 1%,对渗漏量减少的贡献平均不足 1/1000;且当植被盖度增长到 60% 以后,随着植被盖度的增加,渗漏量减少的幅度更趋平缓。鉴于基本林草封育区 80% 以上的区域植被盖度已达到 30% 以上,本书在估算基本林草封育区植被盖度增长对减少渗漏的贡献时,按植被盖度整体增长 30% 预设模拟情景,即超过 80% 的区域植被盖度达到 60% 以上,且 90% 以上的区域植被盖度达到 50% 以上。

由模型计算的结果显示,2013 年林草基本封育区渗漏量为平均每平方公里 165.79 mm,相当于整个基本封育区渗漏 155467961.45 m³;模拟植被盖度平均增长 30% 后,渗漏量为平均每平方公里 91.43 mm,相当于整个基本封育区渗漏量减少 85745075.82 m³,合计减少渗漏量约 69722885.63 m³,即实现将原本为当地难利用地下水组成部分的 69722885.63 m³ 渗漏蓝水,通过封山育林转化为植被用生态绿水。

3. 坡改梯措施转化蓝水量

通过 5.3 节对增厚土壤的模拟计算可知,假定植被和降水不发生改变的前提下,当整个研究区模拟土壤增厚 20 cm 后,渗漏量在 2013 年的基础上,减少量达 4.832×10⁸ m³,减少幅度高达 78.35%,表明增加土壤厚度对将渗漏的蓝水转化为生态绿水具有显著效果。但生产实践中,不可能将整个研究区都增厚 20 cm 土层;因此,在估算通过坡改梯措施增加土壤厚度对减少渗漏的贡献时,宜以 713 km² 的农村旱地作为基本实施范围,加上 6.2.3 节中列入亟待增厚土层范围的 344.25 km² 植被盖度超过 50% 的位于严重渗漏地带的林草地,再加上 6.2.3 节中建议根据所处位置地形条件适时采取坡改梯措施的、植被盖度超过 50% 且渗漏量低于 180 mm 的林草地渗漏区(面积约为 911.25 km²),然后减去 17788 个小水池所占 0.22 km² 面积,得到实施坡改梯措施的区域面积为 1968.28 km²。

经模型计算,2013 年研究区旱地渗漏量为 162.56 mm,相当于所有旱地(须减除

0.22 km² 小水池面积)降水渗漏 115906407.25 m³；在增厚 20 cm 土层后，渗漏量为 35.20 mm，相当于所有旱地(须减除 0.22 km² 小水池面积)降水渗漏 25096702.33 m³，即增厚土层 20 cm 后减少渗漏量达 90781685.10 m³。

经模型计算，2013 年植被盖度超过 50% 的严重渗漏地带林草地(面积约 344.25 km²)渗漏量为 215.87 mm，相当于所有该类型地块降水渗漏 74311799.93 m³；在增厚 20cm 土层后，渗漏量为 46.74 mm，相当于所有该类型地块降水渗漏 16090406.11 m³，即增厚土层 20 cm 后减少渗漏量达 58221393.82 m³。

经模型计算，2013 年植被盖度超过 50% 且渗漏量低于 180 mm 的林草地渗漏带(面积约 911.25 km²)渗漏量为 146.47 mm，相当于所有该类型地块降水渗漏 133470648.97 m³；在增厚 20 cm 土层后，渗漏量为 31.71 mm，相当于所有该类型地块降水渗漏 28897056.05 m³，即增厚土层 20 cm 后减少了 104573592.93 m³ 渗漏蓝水。

以上三个类型区域的数值相加，得到坡改梯措施减少渗漏量为 253576671.85 m³，即实现将原本为当地难利用地下水组成部分的 253576671.85 m³ 渗漏蓝水(约 2.54×10⁸ m³)，通过调控转化为绿水储存。如果将三大措施总共减少的渗漏量(约 323515875.57 m³)按当地民用水价 1.5 元/m³ 计算(此价格为 2013 年贵阳市最低水价，不含污水处理费 0.70 元)，折合水费约 4.85 亿元人民币。

根据 EcoHAT 系统模拟和计算的结果，将三大措施进行调控前后，对不同实施区域的单位面积渗漏量以及总计减少渗漏量情况，统计如表 6-9 所示。

表 6-9　　　　　　　　三大措施调控前后对不同实施区域减少渗漏量统计

措施类型	小型降水截蓄工程	封山育林	坡　　改　　梯		
模拟区域	基本实施区	基本实施区	基本实施区	急需实施区	适时实施区
模拟调控幅度	每 0.04 km² 修建一个	增加 30% 植被盖度	增厚土层 20cm	增厚土层 20cm	增厚土层 20cm
调控面积(km²)	713.00	937.75	712.78	344.25	911.25
调控前(mm/ km²)	162.56	165.79	162.56	215.87	146.47
调控后(mm/ km²)	162.26	91.43	35.20	46.74	31.71
减少渗漏量(m³)	216318.09	69722885.63	90781685.10	58221393.82	104573592.93

6.5.3　蓝水、绿水调控对提高水资源利用量的贡献

当衡量某一调控措施对当地提高水资源利用量的贡献时，在分析总的提高水资源利用量基础上，还应考虑计算所对应的面积范围。例如，贵阳市水资源公报所发布的多年平均水资源量和用水量均是对全市 8034 km² 而言，6.5.2 节中估算的三大调控措施所对应的面积分别是：降水截留 713 km²，封山育林 937.75 km²，坡改梯 1968.28 km²，三大调控措施所对应的实施面积显然要远小于水资源公报数据所对应的面积范围。可见，如果仅将基

于 6.5.2 节所计算的减少渗漏量与整个贵阳市水资源量对比,将难以客观地反映调控措施所带来的提高水资源利用量效果。

为便于对调控措施提高水资源利用效果的计算分析,首先计算减渗措施转化渗漏量对整个区域水资源利用量提高的贡献,采用以下公式:

$$R_\Delta = \frac{W_\Delta \times 100}{W_s} \qquad (6\text{-}1)$$

式中,R_Δ 为水资源利用量提高贡献(单位:%),R_Δ 值越大,表明减渗效果越好;W_Δ 为提高的水资源利用量,此处为减少渗漏量;W_s 为区域水资源总量。为更直观地反映调控措施对水资源利用量提高的贡献,对公式(6-1)稍做改进,从遥感地理栅格的概念出发,将计算结果平均到单位面积上,即:

$$\overline{R_\Delta} = \frac{\overline{W_\Delta} \times 100}{\overline{W}} \qquad (6\text{-}2)$$

式中,$\overline{R_\Delta}$ 为单位面积水资源利用量提高贡献;$\overline{W_\Delta}$ 为单位面积提高的水资源利用量;$\overline{W_s}$ 为单位面积水资源量,表 6-10 为分别采用公式(6-1)和公式(6-2)计算的三种调控措施对提高水资源利用量贡献的计算结果。

表 6-10 各措施对水资源利用量增长贡献比较

(根据 2013 年数据)

计算指标	小型降水截蓄工程	封山育林	坡改梯
减少渗漏量(m³)	216318.09	69722885.63	253576671.85
实施面积(km²)	713.00	937.75	1968.28
单位面积减少渗漏量(m³)	303.39	74351.25	128831.61
水资源利用量提高贡献(%)	0.0048	1.54	5.62
单位面积水资源利用量提高贡献(%)	0.054	13.23	22.92

注:以单位面积平均的贵阳市常年水资源量为 561986.5571 m³/km²。

从表 6-10 可见,如果以研究区为整体进行计算比较,由于实际实施调控的面积相对过小,尽管坡改梯措施减少渗漏量高达约 2.54×10^8 m³,三大调控措施对研究区水资源利用量提高的综合贡献仅为约 7.17%。但若考虑到研究区丰富的水资源量基数,以及当前研究区水资源利用量仅占多年平均水资源总量的 23.17% 的现状,三大措施减渗量对 2013 年水资源利用量(10.46×10^8 m³)的环比增幅度高达 30.92%。而且调控措施所实施的范围(3619.03 km²)仅占研究区面积的 48.29%,因此,无论是从相对提高幅度,还是绝对提高数值来看,提高 7.17% 已经是巨大的增长。而且,如果换以单位面积为对象进行计算,三大措施对提高水资源利用量的贡献大幅增长,综合措施整体提高幅度达 36.21%,其中仅坡改梯措施对水资源利用量提高的贡献就达到 22.92%,其他两项措施对水资源利用量提高的贡献都达到按研究区整体计算的 10 倍左右,并且封山育林措施对水资源利用量提高的贡献也达到 13.23%。因此，在实际操作中，如果能根据生产需要，适当扩大坡改梯和封山育林措施的调控面积，将能有效地提高水资源利用量。小型降水截蓄工程措施提高水资源利用量效果相对不明显，是因为其在每平方公里面积上分布的数量过少，如果能因地制宜，适当增加小水池数量，也将能达到很好的效果。

综上所述，三大调控措施对提高喀斯特石漠化地区水资源利用量均有一定效果，尤其以坡改梯增厚土层措施对提高水资源利用量的贡献最为显著；加大对植被覆盖度在 50%以下林草地的封山育林措施力度，对提高水资源利用量也具有比较大的贡献；修建农村旱地灌溉用小水池，是提高农作物生态用水量的有益补充。

6.6　本章小结

在对渗漏的难利用蓝水转化为陆生植物生态用绿水的方法进行探索，取得初步结论之后，结合野外调研情况确定调控措施及其空间布局，并估算调控对水资源利用量提高的贡献，就自然成为接下来的重要研究内容。为此，本章先是根据已有学者的研究成果和野外调研情况，对降水截留、增加植被和增厚土层对应的三大调控措施的技术可行性进行了分析，然后对调控措施的具体范围、空间布局和提高水资源利用量贡献幅度，展开数字模拟和计算分析。具体包括以下几个方面的工作：

（1）对降水渗漏前的截留措施，结合野外调研，从修建农村旱地灌溉用小型蓄水池的选址和投资角度，进行了可行性分析；

（2）对增加植被盖度调控方法所对应的封山育林措施涉及的喀斯特石漠化地区适生树种进行了分析，表明封山育林措施的实施在技术上具有可行性；

（3）对增厚土层调控方法所对应的坡改梯措施涉及的坡耕地改造工程的过程进行了详细说明，并论述了在研究区实地考察的已有坡改梯建设成效；

（4）分别对农村旱地小型降水截蓄工程、封山育林和坡改梯措施所对应的实施范围、面积乃至理论可能减少的渗漏量进行了数字模拟和实验分析；

（5）借助 EcoHAT 系统，对减少渗漏量更为有效的坡改梯措施基于丰水年、平水年和枯水年的不同降水情景，进行了减少渗漏量的数字实验，结果显示增厚土层方法对渗漏蓝水的转化调节，对改善植被生态用水具有较好的效果；

（6）对增加土壤厚度导致渗漏量大幅减少，以及在丰水年、平水年和枯水年等不同降水情景下的变化特点，通过基于不同空间尺度的实验对比，表明其可有效支撑对增厚土层的相关调控措施分析；

（7）提出了研究区蓝水、绿水调控三大措施的布局范围、面积的具体方案；

（8）分别针对三大调控措施对提高研究区水资源利用量的效果，进行了量化计算和分析，结果表明，三大措施对提高水资源利用量的贡献作用明显。其中，坡改梯措施具有最显著的贡献，其次为封山育林措施，农村旱地降水截蓄小水池，是提高农作物生态用水量的有益补充。

第7章 结论与展望

喀斯特石漠化地区降水大量渗漏流失，形成难以被当地开发利用的地下蓝水，致使原本应参与地表植被生长过程的生态绿水大幅减少，是导致喀斯特地区特有的"岩溶性干旱"现象的直接原因。为此，本书从减少渗漏和提高当地水资源利用的角度出发，以水循环过程为线索，并基于 SPAC 原理，结合 MODIS 遥感数据产品和观测资料信息，采用 EcoHAT 系统模型，对影响陆面水循环过程的关键因子展开了模拟、实验和分析，提出将渗漏的地下蓝水通过综合调控转化为可供陆生植物生长利用的生态绿水的方法和相应措施。

7.1 主要结论

（1）作为研究区的贵阳市非城镇地区，其现状年（2013 年）绿水占降水的比例不足 50%，远低于世界平均水平的 65%；而渗漏量占降水的比例达 7.61%，因此具有将渗漏蓝水转化为生态绿水的巨大潜力。

模拟结果显示，贵阳市非城镇地区 2003 年和 2013 年绿水占降水的比例分别为 47.65% 和 49.75%，均远低于世界平均水平的 65%。Stewart 等（2015）通过研究发现，干旱地区绿水占降水的比例一般不超过 30%，而在湿润地区，该比例通常都在 65% 以上。位于亚热带湿润气候带的贵阳市非城镇地区，其 2013 年渗漏量占降水的比例达 7.61%，且近年来工农业等其他主要用水行业用水量呈逐年下降趋势，因此具有将渗漏蓝水转化为生态绿水的巨大潜力。

贵阳市多年平均降水量为 1095.7 mm，常年水资源总量达 45.15×10^8 m³，2013 年水资源利用量占多年平均水资源总量的比例仅为 23.17%；远低于降水条件相似（991.8 mm）的非喀斯特地区成都市的 62.76%，应与贵阳市降水的快速渗漏流失有一定关系。考虑到喀斯特地质结构对修建大中型蓄水工程的制约，当前技术条件下，通过调控，将渗漏的难利用蓝水转化为可供陆生植物生长利用的生态绿水，对于提高喀斯特石漠化地区水资源利用量具有重要的参考意义。

（2）通过情景模拟和尺度效应分析发现，植被盖度和土壤厚度是蓝水、绿水转化的关键影响因子，并在蓝水、绿水转化中表现出各自特有的作用机制。

根据 SPAC 原理，降水、植被和土壤是影响陆面水循环过程的三大因子，由于目前技术难以改变大气降水过程，假定降水不变，分别模拟增加植被盖度和增厚土层对蓝水、绿水转化的作用，发现：①植被盖度与绿水量之间呈明显的线性正相关关系，并与径流量变化呈明显的线性负相关关系；②增加植被盖度能够实现减少喀斯特石漠化地区渗漏量，但当植被盖度达到一定比例后（在研究区，这一比例为 56%），继续增加植被盖度对减少渗漏量的作用急剧减弱；③相比于增加植被盖度，增厚土层对减少渗漏量具有较为显著的效果；④不同降水年背景下，增厚土层所减少转化渗漏蓝水量的大小依次为：枯水年>平水年>丰水年，表明增加土壤厚度，能有效缓解植被生态用水的不足；⑤通过在研究区—区县级计算单元—小流域三个尺度上的模拟计算，表明增加植被盖度和增厚土层对蓝水、绿水的转化作用，适用于研究区不同面积等级的空间尺度，可支撑对渗漏蓝水转化为生态绿水的措施分析。

(3)根据对蓝水、绿水转化的的数字实验结果，并结合野外调研，提出将喀斯特石漠化地区难利用的渗漏蓝水转化为可供陆生植物生长利用的生态绿水的三大调控措施：农村小型降水截蓄工程、封山育林、坡改梯。

根据对蓝水、绿水空间分布的模拟，结合研究区土地利用分类，分别提取出三大措施所对应的调控区域；并结合野外调研情况，分析了三大调控措施的技术可行性。

三大调控措施中，按每 0.04 km² 设置一个小型降水截蓄工程，总共为 17788 个，控制范围为 713 km² 的农村旱地；封山育林措施设计基本林草封育区整体提高植被盖度 30%，主要涵盖植被盖度低于 50% 的林草地类型，控制面积约为 937.75 km²，并根据王桂萍等 (2012) 的研究成果，推荐了 15 种喀斯特地区适生树种；坡改梯措施主要以农村旱地为基本实施区域，再加上植被盖度高于 50% 的林草地渗漏区，设计平均增厚土壤 20cm，控制面积约为 1968.28 km²。

(4)根据研究区三大类蓝水、绿水调控措施的空间分布，计算出各类措施减少渗漏量，以及对提高当地水资源利用量的贡献；按单位面积计算的三大措施对提高水资源利用量总体贡献幅度高达 36.21%，小型降水截蓄工程、封山育林和坡改梯等三大措施对提高水资源利用量的贡献分别为：0.054%、13.23% 和 22.92%。

计算结果显示，小型降水截蓄工程、封山育林和坡改梯措施所减少的渗漏量分别为：216318.09 m³、69722885.63 m³ 和 253576671.85 m³；对整个研究区提高水资源利用量的贡献分别为：0.0048%、1.54% 和 5.62%。

以单位面积计算的提高水资源利用量结果显示，三大措施对水资源利用量提高总体贡献幅度达 36.21%，小型降水截蓄工程、封山育林和坡改梯等三大措施对提高水资源利用量的贡献分别为：0.054%、13.23% 和 22.92%，其中尤以坡改梯措施的贡献幅度最大，表明蓝水、绿水综合调控措施对将喀斯特石漠化地区难利用的渗漏蓝水转化为植被用生态绿水，具有较为显著的效果。

7.2　不足与展望

本书立足于喀斯特石漠化地区降水大量渗漏流失，以及水资源开发利用量偏低的现状，基于 SPAC 原理，从提高生态用水的角度，采用 EcoHAT 系统进行数字模拟分析，结合野外调研，提出通过蓝水、绿水综合调控将渗漏蓝水转化为可供植被生长利用的生态绿水的三大措施。但囿于数据分辨率及现有技术的限制，仍有以下内容需要进一步深化研究：

1. 数字模拟的数据分辨率有待进一步提高

由于作为模型重要输入数据的气温、地表温度、太阳辐射、地表返照率，以及反映植被长势的 LAI 数据均来自 MODIS 产品，MODIS 数据尽管在可靠性方面相对有保障，但分辨率尚有待提高，以上数据类型空间分辨率均为 1 km，时间分辨率为 8 天，在输入模型时，需要进行时间插值以获得逐日数据。对于研究区 7495 km² 的范围而言，1 km 空间分辨率的数据已能实现通常的应用与分析，但在对更小空间范围进行模型计算时，由于单位像元所代表的空间范围相对变大，难免会对计算结果带来不确定性，即影响模型计算结果的可靠性，这也是在对区县级单元和小流域计算时产生尺度效应的重要原因。

此外，LAI 等数据的时间插值也将直接影响地表蒸发量(E_{ps})、蒸腾量(E-plant)、降水截留量(Inter)和土壤水蓄变量(Soil-w)的计算结果可靠性，并进而影响径流量和渗漏量的计算结果可靠性，导致模型计算结果的不确定性增加，是影响计算结果精度的重要原因。因此，未来如果能获得高时空分辨率的可靠数据，对模拟和估算喀斯特石漠化地区蓝水、绿水变化，将具有更高的应用价值。

2. 对喀斯特石漠化地区渗漏原因的分析有待深入

植被盖度尽管在一定程度上能反映出喀斯特地区的石漠化敏感程度，甚至是石漠化分级的重要参考指标，通过对 EcoHAT 系统模拟结果的分析发现，渗漏地带的空间分布与植被盖度之间并无明显相关性，从侧面反映出植被退化并不是导致渗漏的根本原因。同时，分析发现，严重渗漏区域(渗漏量大于 180 mm)均位于土壤水传导率相对较高的壤土区内，但壤土区并不都是渗漏严重的区域，表明渗漏是否严重应与土壤质地有密切关系，但也受其他相关因素的影响。

考虑到岩溶地质结构的易渗性，除了 SPAC 水循环过程主要影响因子外，喀斯特地区复杂的石灰岩地质结构也可能对降水渗漏过程产生重要影响。由于 SPAC 理论以及 EcoHAT 系统对土壤—植被—大气连续体水循环过程的刻画均未考虑下垫面岩性的作用，本研究从更迫切的实际生产需要出发，将关注重点放在进行蓝水、绿水转化调控的措施上。如果今后在技术成熟的条件下，能够加入对喀斯特岩石性质的分析，以及相应的计算方法，对于喀斯特石漠化地区减少渗漏和提高水资源利用的研究，都将是巨大的突破。

3. 绿水对植被生态效益的贡献研究有待深入

本书通过 EcoHAT 系统的数字实验，提出了减少渗漏，并将渗漏蓝水转化为植被生态用绿水的三大措施，计算出各自减少并转化为生态绿水的渗漏量。然而，一方面，由于本研究的重点在于探索能够减少并转化渗漏蓝水的方法和措施；另一方面，由于学术界对生态效益计算方法和衡量指标尚未统一，因此未从植被生态效益的角度对蓝水、绿水转化后，生态恢复所带来的生态效益进行深入分析。在今后对喀斯特石漠化地区提高水资源利用的研究中，如果能进一步计算和分析蓝水、绿水转化所带来的生态效益，将对当地生态、经济可持续发展提供更有力的技术支撑，并将能有效促进各类蓝水、绿水调控措施的落实。

附录一 野外调研主观测点基本信息

编号	X坐标	Y坐标	海拔(m)	土地利用类型	植被覆盖	备注
1	106°20′52″	26°37′48″	1264	土地类型过渡(林地、耕地、草地)	高覆盖度	林地→油菜地→草坡
2	106°21′07″	26°41′00″	1237	土地类型过渡(耕地、建筑用地)	中覆盖度	油菜地→民居(部分耕地变为建筑用地)
3	106°21′17″	26°42′47″	1223	耕地(大棚农业)	中覆盖度	东北向600m为迎燕水库,库容731×10⁴ m³
4	106°21′21″	26°46′12″	1217	水域(洼地积水)	无覆盖	刘家塘洼地
5	106°21′03″	26°46′40″	1220	水域(村中水塘)	无覆盖	姨妈寨小水库,三联乳业污染
6	106°21′11″	26°49′00″	1188	土地类型过渡(建筑用地、耕地)	中覆盖度	暗流乡气象站→下方为生态农业区
7	106°21′08″	26°50′10″	1165	建筑用地	低覆盖度	暗流河洞口上方村落
8	106°32′29″	26°39′40″	1165	土地类型过渡(林地、水域)	低覆盖度	百花湖朱昌路,灌丛→水域
9	106°41′27″	26°42′57″	1301	林地	高覆盖度	沙文服务站公路两侧
10	106°42′18″	26°50′38″	1312	耕地(水田)	中覆盖度	G75高速路东为水田,路西为民居
11	106°43′16″	26°57′34″	1331	土地类型过渡(耕地、建筑用地)	低覆盖度	旱地→水田→民居→工业,久长镇往东北约400m(部分耕地变为建筑用地)
12	106°53′35″	27°05′06″	1316	耕地(农用旱地内建有积雨池)	无覆盖	深2~3m,多分布公路旁
13	106°52′42″	27°05′55″	1269	土地类型过渡(耕地、林地)	中覆盖度	南面过渡为高覆盖林地,北面为水田
14	106°58′03″	26°48′23″	1278	水域	无覆盖	鹿角坝灌浆工程(库容约730×10⁴ m³)

编号	X 坐标	Y 坐标	海拔(m)	土地利用类型	植被覆盖	备　注
15	107°03′12″	27°04′03″	1050	土地类型变化(耕地变更为建筑用地)	中覆盖度	温泉村南凉坪,路西侧农用地变更为厂房,森林覆盖渐增,路东侧为薄土灌丛,较快过渡为高覆盖山坡林地
16	107°03′37″	27°04′33″	936	土地类型过渡(林地、耕地)	低覆盖度	大部分土层渐厚,也有部分山岭为喀斯特岩石裸露,高处为中覆盖林地,过渡为耕地
17	107°05′11″	27°05′36″	640	建筑用地	低覆盖度	翁召村民居
18	107°07′07″	27°07′33″	676	土地类型过渡(林地、草地)	中覆盖度	洛旺河大桥西北面,森林覆盖类型向喀斯特草山草坡过渡
19	106°57′48″	26°56′08″	933	林地	中覆盖度	东北向悬崖,东面山坡上部为中覆盖森林
20	106°45′25″	27°02′17″	1210	水域(水库)	无覆盖	山谷间为下红马水库,供水息烽县城,面积 12.7 km²,库容 300 多万平方公里
21	106°45′40″	27°03′20″	1345	耕地	中覆盖度	联通村水保措施示范区(坡改梯试点)
22	106°35′47″	26°59′31″	1235	耕地	高覆盖度	龙旋窝规划水库,库容 $1010×10^4$k m³

注:调研时间为 2015 年 3 月 19 日至 26 日,其间天气以晴间多云为主。

附录二　野外调研收集数据汇总表

序号	数据名称	格式	序号	数据名称	格式
1	贵州省水功能区划	文档	13	贵阳市水生态文明城市建设试点实施方案（报批稿）	文档
2	贵阳市生态功能区划	文档	14	水利普查相关数据	Excel
3	贵阳市水功能区规划	文档	15	贵州省河流基本情况表	Excel
4	贵阳市水资源综合规划报告	文档	16	贵阳市节水型社会建设规划及建设实施方案2015—2020	文档
5	贵阳市水资源综合利用与开发2005—2020	文档	17	贵阳市（含三县一市）行政区划图	图片
6	贵阳市水土资源调查评价报告	文档	18	贵阳市河流水系图	图片
7	贵阳市防汛抗旱应急预案（2013）	文档	19	水文站点分布图	图片
8	贵阳市水利建设生态建设石漠化治理综合规划2011—2020	文档	20	贵阳市1：5万地图	图片
9	贵阳市地下水普查报告	文档	21	贵阳市行政分区图+贵安新区图	图片
10	贵阳河流介绍	文档	22	石漠化敏感性评价图	图片
11	贵州省水资源公报2010—2013	文档	23	雨量站场次降雨数据	Excel
12	贵阳市水资源公报2003—2013	文档	24	水文站径流观测数据	Excel

参 考 文 献

[1]Aldaya M M, Chapagain A K, Hoekstra A Y, et al. The water footprint assessment manual: setting the global standard[M]. Routledge, 2012.

[2] Amabile A, Balzano B, Caruso M, et al. A conceptual model for water-limited evapotranspiration taking into account root depth, root density, and vulnerability to xylem cavitation[Z]. Boca Raton: CRC Press-Taylor & Francis Group, 2014.

[3]Andersen J, Dybkjaer G, Jensen K H, et al. Use of remotely sensed precipitation and leaf area index in a distributed hydrological model[J]. Journal of Hydrology, 2002, 264(1-4).

[4]Aston A R. Rainfall interception by eight smalltrees[J]. Journal of Hydrology, 1979, 42(3).

[5]Ballesteros D, Malard A, Jeannin P, et al. KARSYS hydrogeological 3D modeling of alpine karst aquifers developed in geologically complex areas: Picos de Europa National Park (Spain)[J]. Environmental Earth Sciences, 2015, 74(12).

[6] Barella-Ortiz A, Polcher J, Tuzet A, et al. Potential evaporation estimation through an unstressed surface-energy balance and its sensitivity to climate change[J]. Hydrology and Earth System Sciences, 2013, 17(11).

[7]Bertrand C, Guglielmi Y, Denimal S, et al. Hydrochemical response of a fractured carbonate aquifer to stress variations: application to leakage detection of the Vouglans arch dam lake (Jura, France)[J]. Environmental Earth Sciences, 2015, 74(12).

[8]Bielsa J, Cazcarro I, Sancho Y. Integration of hydrological and economic approaches to water and land management in Mediterranean climates: an initial case study in agriculture[J]. Spanish Journal of Agricultural Research, 2011, 9(4).

[9]Bormann H. Sensitivity of a soil-vegetation-atmosphere-transfer scheme to input data resolution and data classification[J]. Journal of Hydrology, 2008, 351(1-2).

[10]Cai M, Yang S, Zeng H, et al. A distributed hydrological model driven by multi-source spatial data and its application in the Ili River Basin of Central Asia[J]. Water Resources Management, 2014, 28(10).

[11]Chen C, Hagemann S, Liu J. Assessment of impact of climate change on the blue and green water resources in large river basins in China[J]. Environmental Earth Sciences, 2015, 74(8): 6381-6394.

[12]Chen K, Yang S, Zhao C, et al. Conversion of blue water into green water for improving utilization ratio of water resources in degraded Karst areas[J]. Water, 2016, 8(56912).

[13]Clulow A D, Everson C S, Mengistu M G, et al. Extending periodic eddy covariance latent

heat fluxes through tree sap-flow measurements to estimate long-term total evaporation in a peat swamp forest[J]. Hydrology and Earth System Sciences, 2015, 19(5).

[14] Coelho M B, Villalobos F J, Mateos L. Modeling root growth and the soil-plant-atmosphere continuum of cotton crops [J]. Agricultural Water Management, 2003, 60(PII S0378-3774 (02)00165-82).

[15] Dong G, Yang S, Gao Y, et al. Spatial evaluation of phosphorus retention in riparian zones using remote sensing data[J]. Environmental Earth Sciences, 2014, 72(5).

[16] Dong Q, Zhan C, Wang H, et al. A review on evapotranspiration data assimilation based on hydrological models[J]. Journal of Geographical Sciences, 2016, 26(2).

[17] Fader M, Gerten D, Thammer M, et al. Internal and external green-blue agricultural water footprints of nations, and related water and land savings through trade[J]. Hydrology and Earth System Sciences, 2011, 15(5).

[18] Falkenmark M. Coping with water scarcity under rapid population growth[C]. Proceedings of Conference of SADC Ministers, Pretoria, South Africa, 1995.

[19] Falkenmark M, Rockstrom J. The new blue and green water paradigm: breaking new ground for water resources planning and management[J]. Journal of Water Resources Planning and Management-Asce, 2006, 132(3).

[20] Faramarzi M, Abbaspour K C, Schulin R, et al. Modelling blue and green water resources availability in Iran[J]. Hdrological Processes, 2009, 23(3).

[21] Feddes R A, Raats P. Parameterizing the soil-water-plant root system[J]. Unsaturated-Zone Modeling: Progress, Challenges, Applications, 2004, 6.

[22] Ford D C, Williams P W. Karst geomorphology and hydrology [M]. Unwin Hyman London, 1989.

[23] Gams I, Gabrovec M. Land use and human impact in the Dinaric karst[J]. International Journal of Speleology, 1999, 28B (1/4).

[24] Gao X, Peng S, Wang W, et al. Spatial and temporal distribution characteristics of reference evapotranspiration trends in Karst area: a case study in Guizhou Province, China [J]. Meteorology and Atmospheric Physics, 2016, 128(5).

[25] Gardner W R, Hillel D, Benyamini Y. Post-irrigation movement of soil water: 2. simultaneous redistribution and evaporation[J]. Water Resources Research, 1970, 6(4).

[26] Gerten D, Hoff H, Bondeau A, et al. Contemporary "green" water flows: simulations with a dynamic global vegetation and water balance model[J]. Physics and Chemistry of the Earth, 2005, 30(6-7).

[27] Gleick P H. Water use[J]. Annual Review of Environment & Resources, 2003, 28(28).

[28] Goodchild M F, Quattrochi D A. Introduction: scale, multiscaling, remote sensing and GIS[J]. Quattrochid a, Good2 Childm F, Eds. Scale in Remote Sensing and Gis, 1997.

[29] Guo F, Jiang G, Yuan D, et al. Evolution of major environmental geological problems in Karst areas of Southwestern China[J]. Environmental Earth Sciences, 2013, 69(7).

[30]Hoff H, Falkenmark M, Gerten D, et al. Greening the global water system[J]. Journal of Hydrology, 2010, 384(3-4SI).

[31] Huang Q, Cai Y, Xing X. Rocky desertification, antideserti-fication, and sustainable development in the Karst mountain region of southwest China[J]. A Journal of the Human Environment, 2008, 37(5).

[32] Jewitt G. Integrating blue and green water flows for water resources management and planning[J]. Physics and Chemistry of the Earth, 2006, 31(15-16).

[33]Jiang Z, Lian Y, Qin X. Rocky desertification in southwest China: impacts, causes, and restoration[J]. Earth-Science Reviews, 2014, 132.

[34]Jourde H, Lafare A, Mazzilli N, et al. Flash flood mitigation as a positive consequence of anthropogenic forcing on the groundwater resource in a karst catchment[J]. Environmental Earth Sciences, 2014, 71(2SI).

[35]Kang S Z, Zhang F C, Zhang J H. A simulation model of water dynamics in winter wheat field and its application in a semiarid region[J]. Agricultural Water Management, 2001, 49 (2).

[36]Kerkides P, Kargas G, Argyrokastritis I. The effect of different methods used for hysteretic K(H) determination on the infiltration simulations[J]. Irrigation and Drainage, 2006, 55 (4).

[37] Konrad W, Roth-Nebelsick A. Integrating plant gas exchange, soil, and hydrological parameters in an analytical model: potential use and limitations[J]. Vadose Zone Journal, 2011, 10(4).

[38]Lathuilliere M J, Coe M T, Johnson M S. A review of green-and blue-water resources and their trade-offs for future agricultural production in the Amazon Basin: what could irrigated agriculture mean for Amazonia? [J]. Hydrology and Earth System Sciences, 2016, 20(6).

[39]Launiainen S, Futter M N, Ellison D, et al. Is the water footprint an appropriate tool for forestry and forest products: the fennoscandian case[J]. Ambio, 2014, 43(2).

[40]Legrand H E. Hydrological and ecological problems of Karst regions[J]. Science, 1973, 179(4076).

[41]Li Z, Feng Q, Wei L, et al. Spatial and temporal trend of potential evapotranspiration and related driving forces in southwestern China, during 1961—2009 [J]. Quaternary International, 2014, 336.

[42]Liang S L, Wang K C, Wang W H, et al. Mapping high-resolution land surface radiative fluxes from MODIS: algorithms and preliminary validation results[Z]. New York: Springer, 2009.

[43]Liu J, Zehnder A J B, Yang H. Global consumptive water use for crop production: the importance of green water and virtual water[J]. Water Resources Research, 2009, 45 (W05428).

[44]Liu Y, Huang X, Yang H, et al. Environmental effects of land-use/cover change caused by

urbanization and policies in Southwest China Karst area—A case study of Guiyang[J].
Habitat International, 2014, 44.

[45]Lou H, Yang S, Zhao C et al. Phosphorus risk in an intensive agricultural area in a mid-
high latitude region of China[J]. Catena, 2015, 127.

[46]Lu Y, Liu Q, Zhang F. Environmental characteristics of Karst in China and their effect on
engineering[J]. Carbonates and Evaporites, 2013, 28(1-2SI).

[47] Ma N, Zhang Y, Szilagyi J, et al. Evaluating the complementary relationship of
evapotranspiration in the alpine steppe of the Tibetan Plateau [J]. Water Resources
Research, 2015, 51(2).

[48]Malago A, Efstathiou D, Bouraoui F, et al. Regional scale hydrologic modeling of a Karst-
dominant geomorphology: the case study of the Island of Crete[J]. Journal of Hydrology,
2016, 540.

[49]Manzoni S, Vico G, Porporato A, et al. Biological constraints on water transport in the soil-
plant-atmosphere system[J]. Advances in Water Resources, 2013, 51.

[50]Mohammadi Z, Raeisi E, Bakalowicz M. Method of leakage study at the Karst dam site. A
case study: Khersan 3 Dam, Iran[J]. Environmental Geology, 2007, 52(6).

[51]Parise M, Closson D, Gutierrez F, et al. Anticipating and managing engineering problems in
the complex Karst environment [J]. Environmental Earth Sciences, 2015, 74(12).

[52]Priestley C, Taylor R J. Assessment of surface heat-flux and evaporation using large-scale
parameters [J]. Monthly Weather Review, 1972, 100(2).

[53]Qin L, Bai X, Wang S, et al. Major problems and solutions on surface water resource
utilisation in Karst mountainous areas[J]. Agricultural Water Management, 2015, 159.

[54]Qin X, Jiang Z. Situation and comprehensive treatment strategy of drought in Karst mountain
areas of southwest China[Z]. Springer, 2011.

[55] Quinteiro P, Dias A C, Silva M, et al. A contribution to the environmental impact
assessment of green water flows[J]. Journal of Cleaner Production, 2015, 93.

[56]Raskin P, Gleick P, Kirshen P, et al. Water futures: assessment of long-range patterns and
problems. Comprehensive assessment of the freshwater resources of the world[M]. Sei,
1997.

[57]Ringersma J, Batjes N H, Dent D. Green Water: Definitions and data for assessment[Z].
ISRIC-World Soil Information, 2003.

[58] Ritchie J T, Hanks J. Modeling plant and soil systems [J]. Modeling Plant and Soil
Systems, 1991.

[59] Savenije H. Water scarcity indicators: the deception of the numbers[J]. Physics and
Chemistry of the Earth Part B-Hydrology Oceans and Atmosphere, 2000, 25(3).

[60]Schuol J, Abbaspour K C, Yang H, et al. Modeling blue and green water availability in
Africa[J]. Water Resources Research, 2008, 44(W074067).

[61]Seckler D, Amarasinghe U, Molden D, et al. World water supply and demand, 1995 to

2025[J]. Colombo, Sri Lanka: International Water Management Institute, 2000.

[62]Seckler D W. World water demand and supply, 1990 to 2025: Scenarios and issues[M].
Iwmi, 1998.

[63] Shiklomanov I A. Appraisal and assessment of world water resources [J]. Water
International, 2000, 25(1): 11-32.

[64] Siebert S, Doell P. Quantifying blue and green virtual water contents in global crop
production as well as potential production losses without irrigation[J]. Journal of Hydrology,
2010, 384(3-4SI).

[65]Stewart B A, Peterson G A. Managing Green Water in Dryland Agriculture[J]. Agronomy
Journal, 2015, 107(4).

[66] Su Z. The Surface Energy Balance System (SEBS) for estimation of turbulent heat
fluxes[J]. Hydrology and Earth System Sciences, 2002, 6(1).

[67]Tennant D L. Instream flow regimens for fish, wildlife, recreation and related environmental
resources[J]. Fisheries, 1976, 1(4).

[68]Tong X, Wang K, Yue Y, et al. Quantifying the effectiveness of ecological restoration
projects on long-term vegetation dynamics in the Karst regions of southwest China [J].
International Journal of Applied Earth Observation and Geoinformation, 2017, 54.

[69] Van Genuchten M T. A closed-form equation for predicting the hydraulic conductivity of
unsaturated [J]. Soil Science Society of America Journal, 1980, 44(5).

[70]Vereecken H, Maes J, Feyen J, et al. Estimating the soil moisture retention characteristic
from texture, bulk density, and carbon content[J]. Soil Science, 1989, 148(6).

[71]Wan L, Zhou J, Guo H, et al. Trend of water resource amount, drought frequency, and
agricultural exposure to water stresses in the Karst regions of South China [J]. Natural
Hazards, 2016, 80(1).

[72]Wang P, Yamanaka T, Li X et al. Partitioning evapotranspiration in a temperate grassland
ecosystem: numerical modeling with isotopic tracers[J]. Agricultrual and Forest Meteorlogy,
2015, 208.

[73]Wang S, Fu Z, Chen H, et al. Modeling daily reference ET in the Karst area of northwest
Guangxi (China) using gene expression programming (GEP) and artificial neural network
(ANN)[J]. Theoretical and Applied Climatology, 2016, 126(3-4).

[74] Wang S J, Liu Q M, Zhang D F. Karst rocky desertification in southwestern China:
geomorphology, landuse, impact and rehabilitation[J]. Land Degradation & Development,
2004, 15(2).

[75]Yang P, Tang Y, Zhou N, et al. Characteristics of red clay creep in Karst caves and loss
leakage of soil in the Karst rocky desertification area of Puding County, Guizhou, China[J].
Environmental Earth Sciences, 2011, 63(3).

[76]Yassoglou N J. History of desertification in the European Mediterranean[C]. Nucleo Ricerca
Desertificazion, University of Sassari, 2000.

［77］Yin J，Zhan C，Ye W. An Experimental study on evapotran-spiration data assimilation based on the hydrological model［J］. Water Resources Management，2016，30(14).

［78］Yuan D. On the Karst ecosystem［J］. Acta Geologica Sinica（English Edition），2001，75(3).

［79］Yuan W，Li-Fei Y U，Zhang J，et al. Relationship between vegetation restoration and soil microbial characteristics in degraded Karst regions：a case study［J］. Pedosphere，2011，21(1).

［80］Zang C，Liu J. Trend analysis for the flows of green and blue water in the Heihe River basin，northwestern China［J］. Journal of Hydrology，2013，502.

［81］Zang C F，Liu J，van der Velde M，et al. Assessment of spatial and temporal patterns of green and blue water flows under natural conditions in inland river basins in Northwest China［J］. Hydrology and Earth System Sciences，2012，16(8).

［82］Zhang W，Zha X，Li J，et al. Spatiotemporal change of blue water and green water resources in the headwater of Yellow River Basin，China［J］. Water Resources Management，2014，28(13).

［83］白晓永，王世杰，刘秀明，等. 中国石漠化地区碳流失原因与固碳增汇技术原理探讨［J］. 生态学杂志，2015(06).

［84］蔡雄飞，王济，雷丽，等. 中国西南喀斯特地区土壤退化研究进展［J］. 亚热带水土保持，2009(01).

［85］陈璠，陈进，程星. 贵州省贵阳市环境地质问题及防治对策［J］. 贵州师范大学学报（自然科学版），2014(02)

［86］陈家琦，王浩，杨小柳. 水资源学［M］. 北京：科学出版社，2002.

［87］陈建耀，刘昌明，吴凯. 利用大型蒸渗仪模拟土壤—植物—大气连续体水分蒸散［J］. 应用生态学报，1999(01).

［88］程国栋，赵文智. 绿水及其研究进展［J］. 地球科学进展，2006(03).

［89］杜睿，周宇光，王庚辰，等. 土壤水分对温带典型草地 N_2O 排放过程的影响［J］. 自然科学进展，2003(09).

［90］付忠良，李增. 云南岩溶地区石漠化生态治理与植被［J］. 北京农业，2013(06).

［91］高江波，吴绍洪，戴尔阜，等. 西南喀斯特地区地表水热过程研究进展与展望［J］. 地球科学进展，2015(06).

［92］贡璐，潘晓玲，常顺利，等. SPAC 系统研究进展及其在干旱区研究应用初探［J］. 新疆环境保护，2002(02).

［93］姜文来，唐曲，雷波. 水资源管理学导论［M］. 北京：化学工业出版社，2005.

［94］雷志栋，杨诗秀. 田间土壤水分入渗的空间分布［J］. 水利学报，1987(03).

［95］李安定，喻理飞，韦小丽. 花江喀斯特典型峡谷区顶坛花椒林地生态需水量的初步估算［J］. 土壤，2008(03).

[96]李素丽，乔光建.基于生态水文学原理的水资源评价方法[J].水利科技与经济，2011（05）.

[97]李阳兵，王世杰，熊康宁.浅议西南岩溶山地的水文生态效应研究[J].中国岩溶，2003（01）.

[98]刘昌明，李云成."绿水"与节水：中国水资源内涵问题讨论[J].科学对社会的影响，2006（01）.

[99]刘昌明，杨胜天，温志群，等.分布式生态水文模型EcoHAT系统开发及应用[J].中国科学（E辑：技术科学），2009（06）.

[100]刘昌明，孙睿.水循环的生态学方面：土壤—植被—大气系统水分能量平衡研究进展[J].水科学进展，1999（03）.

[101]刘京伟，王华书.贵州喀斯特地区生态环境建设与农村经济发展研究[J].贵州农业科学，2010（06）.

[102]龙健，李娟.贵州山区坡耕地的现状及利用途径的调查研究——以贵阳市为例[J].贵州师范大学学报（自然科学版），2001（01）.

[103]罗林，胡甲均，姚建陆.岩溶山区坡耕地石坎坡改梯水土保持效益的神经网络模拟[J].农业系统科学与综合研究，2006（04）.

[104]罗林，胡甲均，姚建陆.喀斯特石漠化坡耕地梯田建设的水土保持与粮食增产效益分析[J].泥沙研究，2007（06）.

[105]吕洋，杨胜天，蔡明勇，等.TRMM卫星降水数据在雅鲁藏布江流域的适用性分析[J].自然资源学报，2013（08）.

[106]蒙进.贵阳市水资源优化配置概要分析[J].黑龙江水利科技，2013（12）.

[107]潘占兵，李生宝，郭永忠，等.不同种植密度人工柠条林对土壤水分的影响[J].水土保持研究，2004（03）.

[108]史运良，王腊春，朱文孝，等.西南喀斯特山区水资源开发利用模式[J].科技导报，2005（02）.

[109]宋文龙，杨胜天，路京选，等.黄河中游大尺度植被冠层截留降水模拟与分析[J].地理学报，2014（01）.

[110]宋宗泽.贵阳生态农业发展研究[D].武汉：华中师范大学，2014.

[111]苏维词.中国西南喀斯特山区生态需水概述[J].贵州科学，2006（01）.

[112]苏醒，冯梅，颜修琴，等.我国西南地区石漠化治理研究综述[J].贵州师范大学学报（社会科学版），2014（02）.

[113]孙德亮，张军以，周秋文.喀斯特地区退化植被生态系统修复技术初探[J].广东农业科学，2013（03）.

[114]覃小群，蒋忠诚.表层岩溶带及其水循环的研究进展与发展方向[J].中国岩溶，2005（03）.

[115]谭丽慧，缪韧，王兴斌，等.SVAT模型的组成及其耦合方法研究[J].水利科技与

经济, 2013(02).

[116]唐世浩, 朱启疆, 孙睿. 基于方向反射率的大尺度叶面积指数反演算法及其验证[J]. 自然科学进展, 2006(03).

[117]唐益群, 张晓晖, 周洁, 等. 喀斯特石漠化地区土壤地下漏失的机理研究——以贵州普定县陈旗小流域为例[J]. 中国岩溶, 2010(02).

[118]田雷, 杨胜天, 王玉娟. 应用遥感技术研究贵州春季蒸散发空间分异规律[J]. 水土保持研究, 2008(01).

[119]万军, 蔡运龙. 喀斯特生态脆弱区的土地退化及生态重建——以贵州省关岭县为例[J]. 中国人口・资源与环境, 2003(02).

[120]王桂萍, 韩堂松, 朱华, 等. 贵阳地区石漠化植被恢复造林树种的筛选[J]. 林业科技, 2012(04).

[121]王腊春, 史运良. 西南喀斯特峰丛山区雨水资源有效利用[J]. 贵州科学, 2006(01).

[122]王鸣程. 渭河流域遥感驱动的土壤水分动态模拟研究[D]. 北京: 北京师范大学, 2012.

[123]王玉娟, 杜迪, 杨胜天, 等. 贵州龙里典型喀斯特地区绿水资源耗用研究[J]. 中国岩溶, 2008(04).

[124]王玉娟, 杨胜天, 刘昌明, 等. 植被生态用水结构及绿水资源消耗效用——以黄河三门峡地区为例[J]. 地理研究, 2009(01).

[125]王志强, 刘宝元, 王晓兰. 黄土高原半干旱区天然锦鸡儿灌丛对土壤水分的影响[J]. 地理研究, 2005(01).

[126]温志群, 杨胜天, 宋文龙, 等. 典型喀斯特植被类型条件下绿水循环过程数值模拟[J]. 地理研究, 2010(10).

[127]吴擎龙, 雷志栋, 杨诗秀. 压力入渗仪测定导水率的理论及其应用[J]. 水利学报, 1996(02).

[128]吴擎龙. 田间腾发条件下水热迁移数值模拟的研究[D]. 北京: 清华大学, 1993.

[129]吴姗, 莫非, 周宏, 等. 土壤水动力学模型在 SPAC 系统中应用研究进展[J]. 干旱地区农业研究, 2014(01).

[130]肖长来, 梁秀娟, 王彪. 水文地质学[M]. 北京: 清华大学出版社, 2010.

[131]熊强辉, 杜雪莲. 喀斯特石漠化综合治理及其效益评价研究进展[J]. 广东农业科学, 2015(10).

[132]杨胜天, 王玉娟, 吕涛, 等. 喀斯特地区植被生态需水定额, 定量研究——以贵州中部地区为例[J]. 现代地理科学与贵州社会经济, 2009.

[133]杨胜天. 喀斯特地区绿水利用研究[M]. 北京: 科学出版社, 2014.

[134]杨胜天. 生态水文模型与应用[M]. 北京: 科学出版社, 2012.

[135]杨胜天. 遥感水文数字实验: EcoHAT 使用手册[M]. 北京: 科学出版社, 2015.

[136]叶碎高, 王帅, 聂国辉. 水土保持与绿水资源保护[J]. 中国水土保持, 2008(06).

[137]余娜，李姝. 贵州省石漠化现状及主要治理措施[J]. 安徽农业科学，2014(25).

[138]张军以，王腊春，马小雪，等. 西南岩溶地区地下水污染及防治途径[J]. 水土保持通报，2014(02).

[139]张喜，薛建辉，生原喜久雄，等. 黔中山地喀斯特森林的水文学过程和养分动态[J]. 植物生态学报，2007(05).

[140]张宇. 多源遥感数据在干旱半干旱缺资料地区生态耗水估算中的应用研究[D]. 北京：北京师范大学，2011.

[141]张志才，陈喜，石朋，等. 喀斯特流域分布式水文模型及植被生态水文效应[J]. 水科学进展，2009(06).

[142]赵玲玲，王中根，夏军，等. Priestley-Taylor 公式的改进及其在互补蒸散模型中的应用[J]. 地理科学进展，2011(07).

[143]周旭. 黄河中游植被恢复对蒸散变化的影响分析[D]. 北京：北京师范大学，2015.

[144]朱生亮，张建利，吴克华，等. 岩溶工程性缺水区农村饮用储存水净化方法[J]. 长江科学院院报，2013(11).

[145]朱首军，丁艳芳，薛泰谦. 土壤—植物—大气(SPAC)系统和农林复合系统水分运动研究综述[J]. 水土保持研究，2000(01).

[146]朱文孝，李坡，贺卫，等. 贵州喀斯特山区工程性缺水解决的出路与关键科技问题[J]. 贵州科学，2006(01).

[147]左太安，刁承泰，施开放，等. 基于物元分析的表层岩溶带"二元"水生态承载力评价[J]. 环境科学学报，2014(05).